復活のZ

ON THE ROAD

山川健一
Writer
小川義文
Photographer

二玄社

復活のＺ

もくじ

装幀・本文デザイン　笹川寿一＋佐藤悦美（Kotobuki Design）

はじめに／和魂洋才

あくまでも典雅で美しかった初代フェアレディ（SR）を、ぼくは今でも覚えている。子供の目にも、それは何か特別な自動車に見えた。１９６０年代のはじめ、ぼくは小学生だった。

１９６９年にデビューしたロングノーズの２４０Zには、衝撃を受けた。ジャガーEタイプやポルシェ９１１に羨望の眼差しを向けていた当時のぼくらにとって、それは感動にも誇りにも似た気持を抱かせるスポーツカーだった。日本製のこんなに凄いスポーツカーがデビューしたのだという感慨を、多くの人々が噛みしめたのではないだろうか。

Zは代を重ねるごとに排気量が増え、グラマラスになっていった。それはあたかも、経済的な復興を遂げ、ゴージャスになっていった日本そのものを象徴するようだった。

友人が乗っていた３００ZXのステアリングを、何度か握らせてもらったことがある。それは、欧米のスポーツカーにはない、独特のテイストを持っていた。

やがてバブルが崩壊し、日産は辛酸を舐めることになる。連日新聞で報道されるその姿もまた、日本の苦しみを象徴しているように思えた。当時のNAVIの編集長に「頑張れ、ニッサン！」という特集をやったらどうか、とぼくは提案したものだった。日産の行方は、すなわち日本の行方である、と思えたからだ。

フェラーリは素晴らしいスポーツカーである。ポルシェは、今でもイコンとしての魔力を持っている。アルファロメオの未来性と官能性には、脱帽するしかない。

だがZは特別なのだ。フェラーリもポルシェも、アルファロメオも外国のスポーツカーだが、Zはぼくらの祖国である日本が生んだスポーツカーで、親父や叔父さんや兄貴や、何人もの友達が乗っていて……つまりこんなに懐かしく誇らしいスポーツカーは他に存在しないのだ。

自動車というものは確かに「洋才」で成り立っているが、Ｚはそのコアに「和魂」が息づいている。そんなＺが、長らく生産中止になったままだった。

バブルの時にゴージャスになり過ぎたＺは、そのコンセプトも価格も、時代に受け容れられなくなったのかもしれない。あの時代、３００ＺＸのツインターボモデルは、たしか５００万円に迫っていたのではなかったろうか。

Ｚの復活を希望する声は、あちこちで聞こえた。しかし、再生を目指す日産は本筋のセダンを開発するのが急務で、スポーツカーであるＺの開発に力を注ぎ込む余裕なんてないのだろう、とぼくは思っていた。きっと、多くの日本人がそう思っていたのだ。

そのフェアレディＺが、遂に復活した。これほどの喜びは、めったにあるものではない。

ぼくらは、カリフォルニアに取材に出かけることにした。Ｚは、北米大陸で、とりわけロサンゼルスで成功を収めた初めての日本車だからだ。

まだ全米におけるデリバリーがスタートする前に試乗車を借り、あちこちを乗り回した。走行距離は２０００㎞を超えた。サン・ディエゴにあるＮＤＡ（ニッサン・デザイン・アメリカ）へ行き、ダイアン・アレンさんにインタビューし、ニッサン・ノース・アメリカを訪問し、プロダクトマネージャーのジョエル・ウィークス氏と広報のディーン・ケース氏にインタビューした。

新しいＺの最初のデザインのコンセプトは、アメリカ人の女性がチーフをつとめたのだという事実を知った。ジョエル・ウィークス氏とディーン・ケース氏は、Ｚはアメリカにもファンが大勢いて、今やインターナショナルなクルマなのだ、と語ってくれた。

Ｚの開発計画は、１９９８年に一度中断している。エコノミック・トラブルのせいだ、とダイアンさんはストレートに説明してくれた。それからまず、かつてＺのオーナーでもあったフランスからやって来た社長のカルロス・ゴーン氏がＺの重要性を認識し、開発の継続を決定する。アメリカのデザインチームと、ヨーロッパのチームが合流し、彼らのアイディアが厚木で仕上げられる。そんなふうにして、Ｚの復活は周到に準備されていった。

Ｚの復活には、〝NISSAN IS COMING BACK !〟というポジティヴなメッセージが込められていなければならない。そのためには、〝Z SPIRITS ALIVE〟と誰もが認める、オリジナリティにあふれた強力なスポーツカーであることが求められた。

復活した新しいＺは、そんな高い要求に完全に応えている。ぼくはそう思う。多くの人々がそう感じたのだろう。既に全米でも日本でも予約が殺到し、ウェイティングの状態だ。

自動車作りは、ご存知のように、資本やデザインのレベルでも既に国境を超えている。これまでのように単純に、イギリスのスポーツカー、イタリアのスポーツカー、日本のスポーツカー、という分け方ができなくなっている。

Ｚもまた、さまざまな国々のＺを愛する人々の手によって復活を遂げた。だが、とぼくは思うのだ。フェアレディＺの歴史が、そのリジェンドが今のＺの在り方を決定したのだという意味において、やはりＺは日本のスポーツカーなのだ、と。

Ｚはいわば、和魂洋才のスポーツカーなのである。

Californian Road 2002

NISSAN

NISSAN
350Z
California
562

PREMIERES
FRIDAY JULY 12TH AT
NEW EPISODES EVERY
BANANA REPUBLIC

OAKLEY

350Z
NISSAN
OCT
California
562

SHIP SERVICES

ROAD
CLOSED

IES
MAGAZINE
E HERE
E

Real Estate

AUGUST
13-18
NISSAN

A/C
HI

TAPE
PTY
TUNE
REW
CD6
RPT
AUDIO
SCAN
DISP
BOSE
1
2
3
4
5
6
PUSH PWR
VOL
75
90
60
AUTO

SPEED LIMIT
45

562

562

114
OACH
350Z

350Z

WINNER
ERVANCY'S
ON AWARD
LAORPHEUM.COM
SEPT 7 LUL
NOV 24 OVA
USC THO
SEPT 20 AN
pheum
ORPHEUM THEATRE
GO TO REAR
OF BUILDING

1章

真夏、Z、カリフォルニアの旅

コーヒーショップの片隅で

ぼくは今、レドンドビーチのコーヒーショップの片隅でこの文章を書いている。キーボードを叩くのではなく、ホテルの部屋に備え付けのメモ用紙とボールペンを使っている。ポルトフィーノ・ホテルズ&ヨットクラブという、LAの外れのホテルだ。街は花々であふれ、八月だというのに涼しいくらいだ。

広い窓ガラスの向こうには、新しいZが止まり、カリフォルニアらしい陽光を浴びて、路面に濃い影を落としている。Zは、今までのどんなスポーツカーにも似ていない。ぼくは興奮している。こいつが、かつて240Zが北米大陸に上陸して以来、じつに四十年以上の時間を経て再デビューしようとしているのだ。あと僅か数日で、デリバリーが開始されようとしている。

Zは、アメリカ市場で最も成功した日本車で、そいつはセダンでもワゴンでもなくスポーツカーだったのである。

ロングノーズ、ショートデッキという個性的なスタイルを持ったその独特な存在は、今もぼくらの胸に深く刻み込まれている。

新しいフェアレディZは、そんなかつてのイメージを継承している。やはりその深奥にZのDNAを抱えているのだろう。これは、とても大切なことだ。なぜなら、スポーツカーとは商品であるのと同時に文化そのものだからだ。

Zの輝かしい歴史は、だがいつでも順風満帆というわけではなかった。

事実、300ZXの生産中止から既に五年が経過し、多くのファンがその登場を待ち望んでいたのだ。経済的な困難を克服した日産の、ひいては辛苦を舐めた日本の再生の象徴。

それがこの、フェアレディZの名前で呼ばれてきた一台のスポーツカーの復活なのではないか。ぼくはそう思う。

フェアレディZは驚異的な進化を遂げている。オーバーハング部分がぎりぎりに切り詰められ、四輪でしっかりと踏ん張っているように見える。高めのウェストラインと官能的なカーヴを描き張り出したホイールアーチ。この辺りは先代300ZXのイメージを受け継いでいるのだろう。

ルーフからテールへの流麗なラインはスピード感を表現し、ヘッドライトとテールランプはスリットアイと呼ばれる東洋の……いや、日本の女性を思わせる。日本が世界に誇れる最大のものは、美しく聡明な日本の女性達だとぼくは思っているが、Zのヘッドライトとテールランプはアメリカ人の女性のアイディアに基づいているのだとしても、きわめて日本的なアイデンティティを秘めている。

このヘッドライトは変則六角形で、ミラーは変則五角形だ。アルファロメオも真っ青という、斬新なフォルムではないか。

あちこちに配された〈Z〉のロゴマークと、意味深長な三つのドット。このドットは、いったい何を意味しているのだろうか？

ここに、新しいスポーツカー・デザインがある。

そのフェアレディZが、いよいよシーンに登場する。

冷静な熱狂。

どこまでも冷静で、だがその内側には熱狂を秘めている。それが新しいフェアレディZである。イタリアのスポーツカーのように官能的でもなく、ドイツのスポーツカーのように道具そのものでもない、日本に独自なスポーツカーの解釈がここにはある。

日本人は、たとえばアメリカ人に較べて感情をオーバーに表現しない。何を考えているかわからない、と言われ続けてきた。誤解されるのは困るから、ぼくらは冷静に自分自身を見つめ直し、新しい自己表現の方法を身につけようと努力してきたのだと思う。

その結果日本は今、急速に変わりつつある。ジャパン・ルネサンスとでもいったカルチュアの大きなうねりが、目前に迫っているのではないだろうか。

フェアレディZはアメリカの友人達の手を借り、その中核を担う存在として、周到に用意されてきたように見える。

スポーツカー。そいつは、ただのマシンなのにぼくらを熱狂させる。何と不思議な存在なのだろうか。フェアレディZは、そんな世界のスポーツカーの歴史に、新たな一ページを書き加えようとしているのだ。

新しいZのハンドリングは素晴らしい。フロントとリアのハッチバックに装備されたストラットタワーバーは、Zに堅固なボディ剛性を与え、クイックでシュアな動き……いわばロードの上のダンスを可能にしている。

ガラス窓の向こうのZは、美しいシルエットを見せている。ガラスに反射したZの破片が、テールランプの赤やボディのメタリックが、音楽のように空間を満たしている。撮影が終わったようだ。これからハリウッドへ行ってみようと思う。急ぐことはない。旅はまだ始まったばかりなのだから。

海の見えるホテルにて

今日も肌寒いくらいだ。午前中は、カーディガンかブルゾンが必要だ。フリーウェイでサン・ディエゴまで行って、ホテルに戻ってきたところだ。日産のデザインセンターであるNDA（ニッサン・デザイン・アメリカ）がサン・ディエゴにあり、ここでダイアン・アレンさんという女性デザイナーにインタビューさせていただいたのだ。

海の見えるホテルのテーブルで、ぼくはPowerBookG4に向かっている。このホテルは、映画『キャノンボール』にも登場した、全米を横断するキャノンボール・ラリーのゴールになった場所に建てられている。一度ハリケーンで全壊し、同じような建物がもう一度建築されたのだそうだ。

目の前は湾になっていて、数頭のアザラシが泳いでいる。ペリカンもいる。野生のペリカンというものを、ぼくは初めて見た。植物も種類が多く、カリフォルニアは想像以上に豊かな生物相を持っているようだ。

太平洋を流れる海流のせいで海辺に近いほど涼しく、内陸部は真夏には灼熱の地獄と化す。

Zは、非常にレンジの広いスポーツカーだというのが、数日間ロスの街とフリーウェイを走らせた感想だ。

試乗車は「ツーリング」というスポーティ仕様だ。日本なら「Version ST」に相当する。前6速のマニュアル車で、前は「225／45」、後ろは「245／45」の18インチ、ブリヂストン・ポテンザRE040を履いている。つまり、後ろのタイヤのほうが太いわけだ。

外装はスパークリングシルバーで、シートはバーントオレンジの革で、BOSEのオーディオ・システムを備えている。

アルミから削り出したような短いスティックは、スパッ、スパッと小気味よく決まる。リバースはノブを押し込んで右後ろで、これは最初は戸惑う人もいるかもしれないがすぐに慣れるだろう。

1万kmを越えたクルマだが、直進安定性が非常にいい。アメリカのフリーウェイは名前の通り無料なのはいいが、荒れた路面が多い。しかもコンクリートで、水はけのためだと思うが縦のスリットが入っている箇所がずいぶんある。あちこちに段差があるなんてものではなく、ひび割れたロードをずっと走行していくようなものだ。

Zは太いタイヤを履いているので、ステアリングを左右にとられそうなものだが、ハイスピード・スタビリティは抜群である。聞くところによると、LAを通るこの405号線の路面の荒れは有名で、日産は重要なLA市場にマッチするように、この路面と同じように荒れた路面のテストコースを使って何度もテストを繰り返したのだそうだ。

この直進安定性の良さは、ドライバーのポジショニングとステアリング遊びの設定の匙加減がいいからだろうと思う。Zはあたかもミドシップのライトウェイトスポーツのように、ステアリングを握った自分がクルマの中心に位置している、という感覚がある。そういうポジショニングになっている。だから素早いレーンチェンジの際にも、挙動が乱れることがない。

350ZはFMプラットフォームをベースにしている。これは、フロント・ミドエンジンの略称だ。つまり、エンジンを前の車軸の後ろ、つまりキャビン側に搭載するレイアウトが採用されているのである。これが、あたかもミドシップのライトウェイトスポーツのような軽快な操作感だという印象をドライバーに与えるのだろう。

エンジンをフロントに搭載し後輪を駆動するFR方式や、2シーターのキャビン、中央に配置された三連メーター、リアの後ろに立てられたアンテナやハッチバックなどは、初代Zのイメージを彷彿とさせるものだ。真横から見たシルエットなども、「これはZだ」という強い自己主張を感じさせる。

ご存知のように、過去のZには途中でプラス2シートを装備したモデルが追加されたが、新しいZは2シーターのモデルだけだ。これがスポーツカーとしてのコンセプトを明確にし、シャープなデザインを可能にしたのだろう。

キャビンのスペースは二人用としては充分以上で、シートの背後には物入れが設けられている。ハッチバックなので、グランドツアラーとしても実用的だろう。

ステアリングの遊びは、たとえばポルシェ911より若干大きい。もちろん、ジャガーのような高級サルーンよりはずっとタイトな感じだ。

必要があって片手をステアリングから離さなければならない時でも、しっかり握っていれば荒れた路面でも大丈夫、と表現すればいいだろうか。乗り心地はスポーツカーとしては固すぎず、路面の段差を通過する時にも嫌なねじれ感はまったくない。

このテイストなら、スポーツカーに入門する若い人でも大丈夫だし、旧いフェラーリやポルシェをさんざん乗り回した年輩の人でもドライヴィングが億劫にはならないだろう。もちろん、本気でスポーツ走行を楽しみたいという人の期待にも応えてくれるはずだ。

スポーツカーというものは、時速60㎞／hで街を流している時にもスポーツカーらしい走りを見せなければならないものだと思うが、Zには、確かにそれが感じられる。

そう言えば、エンジン音は、スロットルを踏み込めば多少うるさい。スポーツカーなのだから、これは決してマイナスにはならないはずだ。音質は、特に4000rpm以上はいい。V6型式のエンジン音がぼくはあまり好きにはなれないのだが、ZのV6の、回転数が上がれば上がるだけ乾いてくる感じの音はいいと思う。

そう言えば、アメリカのフリーウェイにはカー・プール・レーンというのがあり、これは一番左の追い越し車線に設定されている。州によって異なるのだが、カリフォルニア州は二名以上の乗員がある時にだけ走行することができる。渋滞緩和のための方法だと思うが、なかなかに思慮深いシステムだと思う。

一般道では、赤信号でも左からクルマが来ないことを確認すれば右折してもいいことになっている。日本のようにどの交差点にも信号機が付けられているということはなく、優先道路だけが決められ、あとはドライバーのマナーに任せている箇所が多い。カリフォルニアのドライバー達のマナーが、それだけ良いということだ。ウィンカーを出せば、ほぼ間違いなく道を譲ってくれる。

こういうのを見ると、さすがにアメリカ西海岸は自動車先進国だなと思う。日本の交通システムはまだまだ遅れている。

フリーウェイを走っていると、右側……海岸沿いに、米軍がキャンプを張っているのが目に付いた。テロ対策なのだと思うが、こういうのを目の当たりにすると、自分は今戦時下の国を走っているのだなと実感する。サン・ディエゴには合衆国最大の海軍基地もあり、アフガニスタン空爆にもここから空母が出て行ったのだ。国旗のステッカーを貼ったクルマはとても多いし、星条旗を掲げた民家もとても多い。

ウェットバック横断注意、の交通標識を何度か目にした。これは、密入国し海岸や川岸からやってきてフリーウェイを横断する、メキシコからの人々のことを指す。水から上がったばかりなので、背中が濡れている、という意味だ。標識は三人家族のシルエットで、鞄を持ったお父さんが子供の手を引いている。この図柄には彼らをちょっと軽蔑しているような、見せしめにしているようなニュアンスがあり、同じカラードとしては嫌な感じを受ける。

そもそもコロンブスがこの大陸における最初の密入国者じゃないか、なんて言ってみたくなる。なんだか、複雑な心境である。

さて、今日はもう眠ろう。明日はサンフランシスコの200㎞ほど南にある、モンタレーまで走らなければならないのだ。

何を書いているんだい？

モンタレーの街角にZを停めて、撮影を開始している。

いまこの街では、ヒストリック・カー・ウィークエンドというイヴェントが行われている。三十種類近くにクラス分けが行われたクラシックカーのレース、ラグナセカがイヴェントの中心だ。他にも大がかりな名車のオークションがあり、有名なペブルビーチのゴルフコースの十八番ホールでは、コンクール・ド・エレガンスが開催される。

それを見に全米のエンスー達が集まって来ている。彼らが乗ってくるクルマが、また凄いものばかりだ。

近くの路上には、フェラーリ330GTCやジャガーEタイプ、ポルシェ550スパイダーやランボルギーニ・ムルシエラゴが停まっているのだが、歩道を歩く人々の関心を集めているのは発売を間近に控えたZだ。

誰も、それは何というクルマだとか、いくらだとか、聞きはしない。

「オウッ、ニューZカー。ビューティフル、ヴェリィ・ナイス！」

だいたい、そんな感想を述べている。Zは「ジィー」と発音する。

誰もがかつてのZを知っている。親父さんとか叔父さんとか友達の兄貴とか、あるいは自分自身が乗っていたことがあるので、よく知っているのだろう。

当時3600ドルほどで売り出されたZには多くの人々が乗り、だからこのクルマにはノスタルジックなバリューがある。

小川義文が質問攻めにあいながら、たまにシャッターを切っている。

そんなわけで、Zを駐車場に戻してしまうのは申し訳ない気がするし、路上駐車したままレストランへ行くわけにもいかないので、しばらくこのままにしておくことにした。

ぼくはこうして、レストランの店先のウェイティングのためのベンチに腰かけて、例によってホテルのメモ帳にこの文章を書きつけている。

アメリカ人は、大人も子供も男も女も、白人もカラードもみんな陽気で人懐っこい。フランクに声をかけてくる。

今もぼくの左側にはフェラーリのロゴが入った赤いキャップを被った若い男が腰かけて、こちらの手元を覗き込んでいるのだ。

「何を書いているんだ？　Zのこと？　どれが漢字だ？」なんて言っている。

この人達が戦争を遂行するブッシュ政権を支えているのだとは俄には信じ難いが、考えてみれば日本人のすべてが今の小泉政権を支持しているわけでもない。

いずれにしても、アメリカの人達は素敵だ。

今回の旅の最大の収穫は、もしかしたら素直にアメリカの人達が好きになれたことかもしれない。そしてZは、そんなアメリカ合衆国の普通の人々、オーディナリー・ピープルに支えられてきたのである。

外国の人というと、友達以外には、有名なスポーツ選手やミュージシャン、映画スターや政治家しか思い浮かばないが、その背後には多くの「普通の人々」が存在するのだという当たり前の事実を、ぼくはしみじみと噛みしめたのだった。

モンタレーの夜

夜だ。

すぐ近くの海からは、アザラシが鳴くオウッオウッという声が聞こえてくる。

波の音もする。

少し沖にはラッコやトドも棲息しているのだそうだ。昼間はクラムチャウダーをパンを抉《えぐ》って作ったカップに入れたチャウダーバムを食べ、港へ行って数頭のアザラシが気持ちよさそうに泳ぐのを一時間ほど眺めていた。

そう言えば、クラムチャウダーにはニューイングランドとマンハッタンと二種類あり、マンハッタンのほうはケチャップが入っているのか色がピンク色なのだそうだ。ぼくは白いクラムチャウダーしか食べたことがないので、今度東海岸へ行った時にはマンハッタンを試してみたいものだ。ついさっき、ホテルのベンディングマシンで缶コーラを買って部屋に戻ってきた。アメリカに来てから、コーラばかり飲んでいる。

ドライヴの途中で休憩するのはスターバックス・コーヒーで、いつも東京で飲むキャラメルマキアートがあると安心する。そいつをテイクアウトして、Zのカップホルダーに入れておく。一緒に旅をしている大川悠氏に「山川さんはほとんどアメリカ人みたいなものだね」と言われ、ショックを受ける。

アメリカでヒットするクルマの条件が三つあって、それはまずカップホルダーがついていること、太いタイヤをはいていること、クロームのホイールであることだ。これらの条件がいわば三種の神器で、クロームのホイールはピカピカの派手さが好まれているというよりは、洗う時に便利だからなのだそうだ。

そういうルーズなところは自分にもあるな、とぼくは納得せざるを得ない。

アメリカ合衆国の一極支配を崩壊に追い込むためには、まずグローバルスタンダードという価値観を打ち破らなければならない……などと日頃は考えているのに、そのぼく自身の生活習慣は、予想以上にアメリカナイズされていたらしい。

好きな音楽はロックやブルースだし、Zが気に入ったのも、80パーセントをアメリカ市場で売るというそのコンセプトがフィットしたのかもしれない。

人間というものは、思想や哲学……つまり言葉で明瞭に説明できる理屈だけで成り立っていないところがつくづく面白いなと思う。無理にふたつを一致させようとすると、よくない結果を生みそうな気がする。

音楽でいうハーモニーのように、別の旋律が重なることによって深みが増すのだろう。

ぼくが宿泊しているダブルツリーというホテルの前の広場で行われているオークションは今もまだ続いていて、時々クルマのエグゾーストノートや、競りの声が聞こえてくる。

オークションには、葉巻をくわえたスキンヘッドのマフィアのボス風の男や、八月だというのに薄い毛皮を着てボスにしなだれかかるプラチナブロンドの女や、早口に小声でクルマの価格を確認し合う男達がいて、あたかも映画の1シーンを見るようだった。

日本がバブルだった頃は、人相風体の怪しいその筋の人物らしき日本人も大勢詰めかけてきていたらしい。クルマの値段を示す掲示板は各国の通貨の換算表示もあり、当時は日本円が一番上に表示されていたのだそうだ。

多くの旧いフェラーリが日本に流れ、だが今ではそのほとんどがアメリカに戻ってきた、とこっちの人が言っていた。なんとしたたかな人達なのだろう。掲示板の日本円表示も、今では最下段に転落した。

多くのクルマは4万ドルから10万ドルの間で競り落とされていたが、中には100万ドルを超える逸品もあり、ディーラーの「コングラッチュレーション！」の掛け声とともに落札価格が決まると、ホテル前の広場に集まった人々の間からはため息が漏れていた。クルマの文化というものを目の当たりにした気がする。

ところで、こんな話を聞いた。フェラーリを定年退職になった人達が、GTOやLMの設計図と金型を盗み出し、これを元に往年の名車を製作したのだそうだ。これらのレプリカを、マフィアが市場に流したのである。やがてイタリア政府が摘発に乗り出し、何人かが逮捕された。この事件は新聞にも載った。

こういう特殊な集団ばかりではなく、フェラーリやデ・トマソにはレプリカが多い。市場に出回っている名車の八割がレプリカだ、と言う人もいるくらいだ。

フェラーリのレプリカで人気が高いのはGTOだ。GTOはトルクがあり老齢に達しても運転しやすいからで、LMあたりだとピーキーなエンジンだからそういうわけにはいかず、手に入れてもガレージに入れっぱなしということになってしまう。

だが、たとえば同じ設計図と金型で作られたGTOは、製作年代が違うだけでレプリカとは言えないのではないだろうか。それはいわば、GTOのクローンである。

そんな話を夕食をご一緒させていただいたある自動車関係の方にうかがい、ぼくはZのことを考えていた。Zというスポーツカーは、そんな美術品なみに高価になり、贋作まで現れた特別なスポーツカーに対するアンチテーゼなのではないだろうか。

そして、そういうスポーツカーを成立させるためにこそ、アメリカという市場の存在がどうしても必要だったのである。

VEMAC社のCEO、東京アールアンドデー代表取締役社長である小野昌朗氏はぼくの友人でもあるのだが、ホンダから1800ccのエンジンの供給を受け、VEMAC　RD180というミドシップのスポーツカーを作った。一般的な販売を目指しているのだが、製作コストが1台あたり1千万円近くになってしまうとぼやいていた。

３２００ccのボクスターの価格が６００万円程度で、１８００ccで1千万円を超えてしまっては勝負にならない、というわけだ。

クルマの価値はコストパフォーマンスだけではないから希望はあると思うのだが、とにかく価格の問題は重要だ。

Ｚは３５００ccで、３００万円からである。驚くべき価格設定だが、なぜそんなことが可能かと言えば、大量生産できるからだ。コーラと同じことだ。何万円もするワインは存在するが、コーラは世界中で１００円とちょっとだ。アメリカ合衆国が提唱してきたグローバルスタンダードがそれを可能にしたのである。うーん、複雑な気分である。

眠くなってきた。今夜は、のこったコーラを飲み干して眠ることにしよう。

明日は、サンフランシスコを目指す。

田舎町のスーパーウェイトレス

今地図で調べてみたら、ここはサンタ・マルガリータという街だ。

観光地ではなく、だから有名でも何でもない田舎町だ。その昔、カウボーイ達が通りかかり、馬を繋いでビールを飲みに入った酒場という感じの店が何軒か並んでいる。

街で、おそらく、たった一軒のレストランというかハンバーガーショップに入った。ハンバーガーとコーラをオーダーした。筋骨隆々と表現するのがぴったりの、カウボーイハットを被り膝の上まであるタイツというかスパッツを履いたウェイトレス兼女主人がまずコーラを持ってやってきて、バンッバンッバンッバンッバンッと音を立てて4人分のコーラをテーブルに置いた。

それから、ストローをぽいっとテーブルに放り投げる。

だが別に嫌な感じがするわけではなく、はりきって働いている様子は頼もしい。

ぼくが、ハーフサイズのハンバーガーはないのかと尋ねると、怪訝な顔をされた。

「ハーフサイズなんてないわよ。でも、なんで？」

「いや、一人前はちょっと食べられそうにないから」

アメリカのハンバーガーというのは、ご存知の方も多いと思うのだが、ものすごくでかい。中に入っているハンバーグも分厚く、ディナーならともかく昼間からこんなに食べられるかよ、という代物だ。コーラにしたって、サイズを尋ねもせずに特大のカップで持ってくる。ぼくはコーラは好きだが、せいぜい三分の一を飲むぐらいだ。

日本人と体格が違うとは言え、アメリカ人は絶対に食べ過ぎだし飲み過ぎだ。誰かがそう教えてあげればいいのに、と思う。

ぼくは店のナプキンに、こうしてボールペンを走らせている。

木枠で仕切られた窓ガラスの向こうにはZが停まり、小川義文は撮影のために外に出て行った。

アメリカ西海岸は、たぶん冷たい海流のせいだろうと思うのだが、海岸沿いは気温が低く内陸部に行くと急に暑くなる。

サンタ・マルガリータはちょっと内陸に入った場所にあるので、気温は三十五度ぐらいある。ロスの午前中は十度にならないこともあり、一日の温度差が二十五度もあるとだんだん暑いのか涼しいのかわからなくなってくる。

今、ウェイトレス兼女主人がやってきて、ぼくが食べ残したハンバーガーのトレイを下げていった。

「半分以上食べられたじゃないの。えらいわ」

彼女がそう言うので、背中をバンッと叩かれるかと思い身構えたらそういうことはなく、ウィンクされてしまった。

彼女は四十代半ばから五十代前半だろうと思うのだが、エアロビでもやっているふうで、腕も脚も筋肉の塊でこんがり日焼けしている。腕相撲したら、まず間違いなくこっちが負けるだろう。

「あんた達はこんな街に何をしにきたの？」

「あのクルマのことを本にするために、西海岸をあちこち走り回ってるんですよ。で、たまたまこの街を通りかかったんですよ。ここは、昔はカウボーイの人達が寄ったりしたんでしょうね」

「そうだよ。ほら」

彼女が壁を指差す。そこには馬の絵と写真ばかりがずらりと飾られていた。西部劇で見たことがあるようなモノクロ写真である。

「今はあんたが乗ってるようなジィーカーとか、ハーレーとかね」

ついさっき、真っ黒なハーレー・ダヴィッドソンが2台、店の前を通り抜けて行ったところだったのだ。

ナプキンメモ

同じサンタ・マルガリータの街の、ガソリンスタンドの横にあるメキシカンフーズの店で、ミネラルウォーターを飲みながらナプキンメモの続き。

ナプキンと言っても日本のような薄い紙ではなく厚めの紙なので、メモはとりやすい。

そうそう、この街にはレストランが、少なくとももう一軒はあったわけだ。

だが、メキシカンフーズとは名ばかりで、海の家みたいな小さな掘っ建て小屋でドリンクを売っている程度だ。メキシカンフーズというのも、電子レンジでチンするだけのものだ。

Zのガソリンを入れていると、反対側にクルマを停めた金髪の男が怒鳴っている。うるさいなと思って最初は無視していたのだが、あんまりしつこいので顔をあげると、やっとこっちを向いたかという感じでニッコリ笑う。

「それ、新しいZだろ」

「そうだよ。今日か昨日、デリバリーがスタートしたばかりだよ」

ぼくはそう答え、給油を続ける。

「おい、おい、おい、見ろって。俺はこいつを１９８７年に買ったんだよ。見ろって！」

上体を折り曲げ給油機の向こう側を見ると、Z31型が止めてある。

「あ。ほんとだ。Zじゃん！」

「だから見ろって言ってるのに、おまえはなかなか気がつかないんだもん。しかし、偶然だよなあ。こうして旧いZと新しいZがこんな田舎町のガスステーションで隣り合うなんてさ。いやあ、偶然だよ。美しい偶然だなあ！」

たいした偶然とも思えなかったのだが、そいつがあんまり感激するものだからぼくも調子を合わせ、握手した。

そいつに、

「乗ってみるとどうなんだ」と聞かれたから、ぼくは聞かれる度に答えていることを口にした。

「速いよ」

アメリカ人には、どうやらこの「速い」という言葉が殺し文句みたいなのだ。

パトカーの警官まで、こいつは速いのか、と目を輝かせて聞いてきたものだった。

あんたのパトカーよりは速いと思うよ。

そうか、そりゃいいなあ……とポリス。

案の定、Z31型のドライバーも目を輝かせる。

「そうか、速いのか。うーん、欲しい。俺、買うことにするよ」

真面目な顔で彼は言う。

「買っても、絶対に後悔はしないと思うよ。俺が約束する」

するとと彼はニヤリと笑い、言ったものだった。

「でも、今のZも売らないでちゃんととっておくことにするんだ」

さっきハンバーガーショップの前を通り過ぎて行った2台のハーレーダヴィッドソンにまたがるのは、夫婦だった。ダンナのほうがZに興味を示し、近づいて来るとマシンをZのすぐ脇に止めた。彼も、なんてクルマだなんて聞きはしなかった。

これが新しいZか、と言った。

子供がちゃんと育ち、家を出て行ったので、後は時間の許す限りハーレーダヴィッドソンで全米をツーリングして回っているのだと言っていた。奥さんのハーレーのナンバープレートに"Silly Boys"と書いてあるので、女の人なのになんでこんなナンバーなんだと尋ねてみたら、その下をちゃんと見ろ、と言われた。"Harleys are for girls"とあった。

つなげて読むと、「お馬鹿な男の子達。ハーレーは女の子のものよ」ということになるわけだ。そういう宣伝コピーを、その昔ハーレー・ダヴィッドソンが使ったことがあるのだ、と教えてくれた。なるほど、納得。

しかし、こういう田舎町でも、星条旗を掲げている家がとても多い。クルマは、リアウィンドウに星条旗のステッカーを貼っているのが多い。聞いてみると、これはやはり2001年9月11日以降のことだそうだ。

古道具屋があるので入ってみると、蓄音機とか食器とかレースの縁取りがされたワンピースとか、西部開拓時代のモノクロ写真とかがたくさん置いてある。アメリカの歴史ってものについて、一度ちゃんと勉強しないといけないな、とぼくは思った。

お婆ちゃんが被るような派手な帽子があったので手にとって見ていると、もう歩くのもやっとという感じの眼鏡をかけた主人がやって来て、真面目な顔で言った。

「それはマリリン・モンローが被ってた帽子だよ」

思わず、ぼくは言う。

「えっ、ほんとに？　いくらですか？」

「嘘に決まってるでしょ」

アメリカの人達はほんとに楽しくて、話していてちっとも飽きない。お茶目で陽気で温かなハートが感じられる。

そんな彼らと星条旗の間で、ぼくはまたもや考え込んでしまうのだった。

サンフランシスコの公園で凍り付いた時間

サンフランシスコのホテル・ハイアット・リージェンシーのデスクに置いたMacintosh PowerBookG4で、この原稿を書いている。

今日は昼間、撮影のためにシスコの街を走り回り、坂道が多いものだから左脚のふくらはぎがパンパンに張ってしまった。五年分の坂道発進を今日一日でやったようなものだ。

しかし、シスコの坂道ってこんなに凄かったかな？

こういう坂道にクルマを駐車するコツは、歩道側にステアリングを一杯に切り、サイドブレーキを引くのはもちろんだが、万が一の場合に備えてシフトを入れておくことだ。

しかし、坂道発進を繰り返したおかげで、Zのクラッチがどこで繋がるかというポイントを、脚が覚えてしまった。

坂道ばかりではなく、マニュアルのスポーツカーをスタートさせるためには、このクラッチのポイントを脚に覚えさせるのがいちばんだ。Zもそうだが、スポーツカーのクラッチは普通の乗用車のようにルーズではない。繋がるポイントが狭いのだ。

だから半クラッチを使い過ぎると、クラッチはすぐにヘタる。

覚え込んだポイントで左脚をパッと放し、その瞬間にスロットルペダルを踏み込む。するとZは猛然と加速していく。セカンドにシフトアップする時も同じで、回転数を合わせておいて、スパッと手際よくアップする。昔のスポーツカーは中吹かしと言って、セカンドにアップするまえにポンッとスロットルをひとつ踏み込んだりしたものだ。Zでもやってみたのだが、現代のスポーツカーは、そういうことは必要ないようだ。

それにしても、サンフランシスコでも、Zは目立ちまくっている。ホテルのドアマンは大きな体の黒人の男で、ヴァレーでZを出してもらう度に口笛を吹き、

「ファンタスティック！　エクセレント！　ナイスカー！」と連発するのだ。

だがサンフランシスコの急な坂道は、たとえば右折する時、急な下り坂だったりすると一瞬空しか見えなくなる。対向車なんて、まったく見えない。路面電車の線路を踏むとリアが滑るし、スポーツドライヴィングに向いた街だとはとうてい思えない。

ゴールデンゲートブリッジを渡り、サウサリートのほうへも行ってみた。外気温は真昼だというのに15度で、外に出てみると、ブルゾンを着ていても寒いくらいだった。

橋を渡りきったところで、いきなり機関砲を剥き出しにした軍用ヘリコプターが急降下してきて、ゴールデンゲートブリッジをぎりぎりに掠めてサンフランシスコ湾のほうへ飛んで行った。この橋がニューヨークの自由の女神と共に次のテロの標的になっている、というニュースを思い出した。ぼくはいきなり緊張し、そう言えばここは「フリーズ！」と言われて立ち止まらないと射殺されても文句が言えない国だったんだよな、と思う。

皆の運転マナーがいいのも、誰がピストルを持っているかわからない、というシビアな事情があるせいかもしれない。

撮影がすべて終わってから、ぼくは一人でZのステアリングを握り、ゴールデンゲートパークへ行ってみた。じつは、ぼくが最初に外国に来たのがこのサンフランシスコだったのだ。１９７８年の夏のことだった。ＬＡであったローリング・ストーンズのサムガールズ・ツアーを見る前に、シスコに寄ったのだ。一人旅だった。それ以来何度かサンフランシスコには来ることがあったが、ゴールデンゲートパークを訪れる機会はなかったのだ。

公園の中央を道路が通っている。

緑深い公園の中程のパーキングに、Zを駐車する。野外ステージの近くである。このステージではかつて、グレイトフル・デッドやジェファーソン・エアプレインがフリーコンサートをやったことがある。横を通りかかると、若い男女のグループがラジカセでタンゴを鳴らしながら社交ダンスのレッスンみたいなことをしていた。

24年ぶりか、とぼくは考える。24年！　気が遠くなりそうである。

野外ステージの前を通り抜け、丸い広場の周囲を囲む舗道を右に半周ほどすれば、あのベンチがあるはずだった。

若かったぼくはベンチに腰かけ、煙草を吸っていた。すると向こうから歩いて来た赤い髪の女の子が、今何時か、と尋ねてきたのだ。時刻を教えてあげると、きっとぼくがロックフリークらしいTシャツを着ていたからだろうと思うのだが、彼女が言ったのだ。

「あなたが今坐っているそのベンチにジャニス・ジョプリンが腰かけて、煙草を吸っているのを見たことがあるわ」

ジャニス・ジョプリン！

ぼくは自分がストーンズのコンサートを見に日本からやって来たこと、これが初めての海外旅行であることなどを告げた。すると彼女は、唖然とした顔をした。わざわざそんな遠くから、ストーンズを見にやって来るなんて信じられない、クレイジーだ、というわけだ。

彼女は、わたしの名前はシンディよ、と名乗った。

シンディ？「愛しのシンディ」って曲がフェイセズにあったよね、とぼくは言い、頭の数行を歌ったらウケた。

シンディは、ゴールデンゲートブリッジを渡ってサウサリートのほうへ行く途中に、生前ジャニスが住んでいた家があるんだけど見に行きたくないか、と誘ってくれた。うん、見たい、ジャニスのこと大好きだから、とぼくは答えた。

シンディは旧いＭＧに乗っていた。そいつの助手席に乗せてもらい、ジェットコースターみたいな気分でゴールデンゲートブリッジを渡り、それからどこをどう走ったのか覚えていないのだが、とにかく深い森のなかにジャニス・ジョプリンの家はあった。

シンディはアイスクリーム屋でバイトが終わるボーイフレンドを迎えに行くところだったということで、２人乗りのＭＧでアイスクリーム屋に乗りつけるとボーイフレンドは笑った。しょうがないなという感じで彼はアイスクリーム屋の派手なバンを借り、２台のクルマでゴールデンゲートブリッジを渡りサンフランシスコに帰ってきた。

面白いディスコがあるから行ってみようと誘われ、連れて行ってもらい踊りながらふと気がつくと、そこはゲイ専門のディスコだった。お立ち台の上では素っ裸の男が踊り、ぼくはナンパされまくった。

慌てて外に出ると、シンディと彼女のボーイフレンドが笑いころげていた。お上りさんのぼくは、からかわれてしまったのだ。

海が見下ろせる友達の家に連れて行かれ、すると彼はガンジャのプッシャーで、引き出しを開けるとビニール袋に丁寧に詰められた乾燥大麻がずらりと並んでいた。ドアーズやジミ・ヘンドリックスやジャニスをかけながらマリワナパーティが始まり、それは朝まで続いた。なんだか楽しくて仕方なく、サンフランシスコにいる間中、ぼくはほとんどホテルには戻らなかった。

あの頃は、若くてロックが好きでトリップしていればみんな仲間だぜ、というような空気が世界を包んでいたのだろう。よく来たな、おまえも仲間だよ、という気分で彼らはぼくを迎えてくれたのだった。

スコーンッと世界が開け、リアルフレンドに囲まれたぼくは、今から思えば「不思議の国のアリス」みたいなものだった。

だとすれば、広場を囲む舗道を歩いて行った先のあのベンチこそが、アリスが落ちたウサギの穴だったのだ。

あのベンチが摩訶不思議でハッピーで気が遠くなるほど長いトリップの入り口なのだ。

ぼくはゆっくりと、砂利の浮いた舗道を歩いて行った。もう少し歩けば、24年前のあのベンチが見えるはずだ。ぼくは急ぎ足になり、だが、ふと足を止めた。

そして、立ったまま煙草に火をつけた。夕暮れ時の空気は澄んでいて冷たかった。胸に迫るものがあり、ぼくは空を見上げた。あの時あのベンチから不思議な世界に落ちた自分が、もしも今日あのベンチを見つけたら元の世界に戻ってしまうのではないかと思えた。

二、三歩後ずさりし、ぼくは野外ステージのほうへ戻って行った。俺は死ぬまでトリップし続けてやるんだ、と思った。タンゴを聞きながらステージの裏側を歩いて行くと、二人の年輩の男に出くわした。

一人がぼくに聞いた。

「レストルームはどこだ？」

「まっすぐ行って右にあった」とぼくは答えた。

髭を生やしているのでジジイだと思ったが、自分と同じ世代かもしれないな、とぼくは思う。もう一人の男がぶら下げている茶色のギターケースのロゴマークが見えた。

ぼくは驚き、男に言った。

「俺はそれと同じギターを持ってるよ。オヴェーションのプリーチャーだろ？」

へっ、それがどうした、という顔をして、男はちょっと肩をすくめただけで歩いて行ってしまう。返事ぐらいしたっていいだろうが、おい。だから俺はギタリストが嫌いなんだよ。

エレアコのオヴェーションは珍しくはないが、プリーチャーというそのギターは特殊で珍しいものだ。それをぼくは24年前の摩訶不思議な旅の途中で買い、今も大切に持っているのだ。

いろいろなことを考えながら、あるいは思い出しながらパーキングに戻って来ると、Zがテールをこちらに向けて停まっている。

そのフォルムは、なんと表現すればいいのか……シャッキーンとクリアだった。宇宙船が地球に着陸したように、ぼくはそのテールを見て現実に戻った。

リモコンでロックを解除し、ドアを開けて乗り込むとクラッチを切り、イグニッションキーを右に回してエンジンをかけた。意味もなく、二、三度空吹かしする。

2002年型のスポーツカーを、ぶっ飛ばしたい気分だった。そして実際に、一時間ほどそうしてから、ホテルに戻って来たのだった。

なんだか、ビールを飲みたくなってきた。

今夜はMacintoshのエディタソフトはもう終了にして、iTunesを立ち上げジャニス・ジョプリンでも聴きながら一人でビールを飲んで、眠ることにしよう。

1曲めは、やっぱり"Move Over"だな。

ストリップショーを見に行かないか？

ロスに帰ってきた。

700㎞もZのステアリングを握っていたので、さすがにへとへとだ。

しかし、アメリカという国の道は何時間経っても風景が変わらないという話は、ほんとうだった。日本だったら絶対にこんな空き地はないだろうという空き地というか荒涼とした大地が、ロードの左右に延々と続いているのだ。

三時間ぐらい経過してから、ぼくは助手席の佐藤俊幸君に言う。彼はずっと一緒に旅をしている、小川義文事務所所属のアシスタントフォトグラファーだ。

「飽きたよ、もう。景色がぜんぜん変わらないじゃん」

マップを見ながら、彼が答える。

「しかしですね、右側はもう砂漠ってほどではなくて、少し緑が見られるようになりました」

言われてみれば確かに、低木の林が点在している。

「でもほとんど何も変わらないじゃん」

「それはそうですけど……」

ずっと一緒なので話題も尽きてきて、路上で轢死していたのはキツネかイタチかスカンクか、というようなことをぼくらは三〇分も話し続けるのだった。

まあ、国内で原爆の実験をやってしまうくらい広い国土なのだから驚くには値しないのかもしれないが、狭い日本列島からやって来た身としては「もったいないなあ」と思ってしまうのだ。

ここはレドンドビーチにある、前と同じホテルの同じ部屋だ。なんだか、自分の部屋に帰ってきたような気分だ。

コーヒーメーカーは壊れていて生温いコーヒーしかいれられないし、仕事机は脚の長さが揃わずにガタガタする。窓の外の景色はいいが部屋の内装はクリーム色のペンキで塗っただけの殺風景なもので、馬鹿でかいベッドは縦・横・斜め、どの方向で寝てもまったくOKだがクッションがヘタっており柔らかすぎてかえって肩が凝る。

だが四泊もしているので、なんだかこの部屋に愛着がわいてきた。

ホテルのバーで友達になった白髪の親父に、エアポートの近くにストリップショーを見に行かないかと誘われたのだが、今夜がもう最後だからと言って断り、部屋の仕事机に向かっている。

しかしあの男は、一週間前にも同じストリップショーを見に行ったはずで、何度も通って飽きないのかね？　ぼくはなんとなく「パリ＝テキサス」という映画を思い出した。

夜だ。

開け放した窓からは、涼しい海の風が吹き込んでくる。

明日の午後、東京行きの全日空に乗る。十日を超えるアメリカの旅が終わろうとしている。

ゴマちゃん達は、相変わらずオウッオウッと元気な声で鳴いている。夜になるとアザラシ達は岸にやって来て眠るらしく、その鳴き声は窓のすぐ下から聞こえてくる。

新しいZとも、これでお別れだ。サンフランシスコの坂道発進で、多分そうとうクラッチ板をすり減らしてしまったことを、申し訳ないなと思う。

かつて、ロックやスポーツカーやヒッピー・カルチャーが輝いていた時代があった。そういうことを、ぼくは今噛みしめている。

だが、時代は変わったのだ。そりゃそうだ、ぼくが初めてこの国を訪れてから24年もの時間が経過したのだから。

３５０Ｚのもっとも素晴らしい点。それは、新しいコンセプトに身を包んでいることだとぼくは思う。

過去を懐かしむのではなく、未来に賭ける。

その姿勢が素晴らしいと思う。

ぼくも、そんなふうに生きていきたいものだ。

ドット・コム・ゼネレーション

全日空005便は今、夜の中を成田に向かって飛び続けている。ぼくは少し前に、腕時計を日本時間に直したところである。インターネットを通じてアメリカのサーバにアクセスするならわずか数秒だが、実際に太平洋を渡るとなると、まだまだ数時間もかかる。

周りの旅行客は、皆、毛布をかぶって眠っている。ぼくはこうして明かりを点けて、ホテルから持ってきたメモ用紙に向かっている。スチュワーデスさんがやって来て、周りの人の迷惑にならないように耳元で「コーヒーはいかがですか?」などと囁いてくれる。コロンが香る。なんだか悪いことをしているような、秘密めいた雰囲気である。たった今も、禁煙ガムを噛んでいたら、パイポをくれ、丁寧に使い方を教えてくれた。

ぼくはZのことを思い出している。ステアリングを握った感じや、穴開きの金属製のスロットルペダルやクラッチの感触、金属質なルームのインテリアなどを思い出しているのだ。

機内で借りた「週刊新潮」に日産の社長のカルロス・ゴーン氏がZといっしょに映った写真が掲載されていた。「ターゲットは四十代から五十代……」というような文章もある。ちょうどぼくくらいの年代だ。

もちろん、そういう世代の人々は復活したZに熱い気持ちを抱くだろう。

だがそれ以上にZを支持するのは、ヤッピーにかわって登場した……いわばドット・コム・ゼネレーションなのではないかという気がする。あるいは、ドット・コム・ピープルと言うべきかもしれないが。

これはぼくが勝手にそう言ってるだけなのだが、インターネットやデジタルを自由に呼吸している人達のことだ。ドット・コム・ピープルはかつてのヒッピーのように実際の年齢だけではカテゴライズできない。彼らはヤッピーよりは少しばかり冒険的で、ヒッピーよりもクールで、何よりも国籍を問わない。

そんな人達がインターネット・ハイウェイではなく実際のハイウェイを走る時に選ぶスポーツカーとして、Zはぴったりだという気がする。

クルマとは生命体みたいなものだ、とぼくはつくづく思う。能力がある人もいればたまたま大した能力もなく生まれてくる人もいる。恵まれた一生を送る人と、そうでない人がいる。たくさんの愛に満たされる人もいれば、愛されずに孤独のままの生涯を終える人もいる。

そういう意味で言うなら、Zほど幸福なクルマというものは他にあまり存在しないのではないだろうか。アメリカでもヨーロッパでも日本でも愛され、その復活がこれほどまでに熱望されたクルマは他にないのだから。「普通の人々」のための「スポーツカー」というコンセプトそのものが、尽きることのない愛の源泉なのだ。

そうだ。アメリカ人に聞いたちょっといい話をひとつ紹介しよう。

Zはすべて日本で生産し、アメリカに輸出される。これは、スポーツカーであるZの全米における販売台数が年間5万台程度であると見積もられており、スカイライン（アメリカではG35）と合わせても20万台を超えることはない。工場を建設し現地生産するためには、少なくとも20万台以上でないとペイしないのだそうだ。それからもうひとつの理由は、日本で生産しないとプレステージが落ちるのだそうだ。

多くのアメリカ人のZファンは、日本の技術に対する信仰的とも言える信頼感があり、Zは日本でしか作れないものだと考えているのだそうだ。そんなことは今は実際にはないだろうとぼくは思うのだが、日本で生産しないとZのプレステージが下がる、というのはどうやら事実らしい。

夜中のバーでビールを飲みながらそんな話を聞いた時、ぼくはちょっと嬉しかった。

ドット・コムは国境を越えていく。企業というものも、ビジネスというものも、自動車というものも、既に国境を越えている。だからこそ、自分自身の中にある地域的な魂、つまり「和魂」というものを大切にしたいと今回の旅でぼくは思ったのだ。そのほうがきっと、陽気なアメリカの友人達とも深い場所で理解し合えるような気がする。

あと3時間で成田だ。

アメリカの友人達に感謝しつつ、とりあえずペンを置こうと思う。

2章

インタビュー

最初のデザインを担当したのはアメリカ人女性だった
——ダイアン・アレン氏へのインタビュー

サン・ディエゴにある日産のデザインセンター、NDA（ニッサン・デザイン・アメリカ）を訪問した。新しいZに最初から関わった、デザイナーのダイアン・アレンさんにインタビューするためだ。

ダイアンさんは赤いシャツを着た……おそらくは四十代の……気さくな方だった。

デザインセンターは、いくつものアトリエが並ぶ美術大学みたいな場所だ。ダイアンさんご自身が用意してくれたコーラを飲みながら、自己紹介した後、中庭の木陰でインタビューをスタートした。インタビュアーはぼくと、『NAVI』誌の取材でずっと一緒に旅をしている二玄社の大川悠氏である。大川さんは、通訳もしてくださった。

■何か一種のシンボルが必要だった

――最初からのデザイン開発の流れを説明していただけますか。最初のプロトタイプは1999年のデトロイトショーでしたね。次が2001年のデトロイト、そしてその秋の東京とプロトタイプが進化して、今回のデビューとなりましたが、あなたはどの段階から関係してきたのですか？

ダイアン　最初からです。99年デトロイトの、もう少し小さく、古いZのイメージを残していたクルマからです。あれは実は北米の役員達の小さなグループから始まったものなんです。彼らはZをすごく愛していて、何とか復活させたかったのですよ。98年2月ぐらいかな。9月にはデザインが完成し、急いで翌年1月のデトロイトにショーカーとして間に合わせたのです。それは中村史郎さんやカルロス・ゴーンさんがニッサンに来る前で、経営状態は最悪でした。だからこそ何か一種のシンボルが必要ではないかと思ったのです。

――そうした動きはデザイナーの方々の間から出たのですか？

ダイアン　PRとデザインですね。

――東京からは何の声も聞こえなかった？

ダイアン　あの時はありませんでした。だからこそデトロイトショーに出したかったのです。デザイン自体はそれほどレベルが高くはなかったけれど、非常に象徴的な形をしていたから。Zの面影をすごく残していましたし、ニッサンが戻ってくるというイメージをアメリカにもたらすことができるのではないかと思ったのです。

あのデザインが好きであろうと嫌いであろうと、見た人はまたZの話を始めるだろうというところを狙ったのです。予想した通り、Zが帰ってくるのではないかということに、みんなエキサイトしました。あの99年モデルはジェリー・ハッシュバーグ、トム・センプル（注ともにダイアンさんの上司）がかなり手を出しました。結果としてあのクルマはUSでかなり好評でした。そこにやってきたのがゴーンさんと史郎さんです。

くどいようですが、デザインの質は問題ではなかったのです。彼らはZが復活できるということそこからまた新しいイメージでの再デザインが始まりました。

私はその時期からエクステリア・スタジオ（レッドスタジオ）のチーフに任命されていましたから、ここでの責任者になりました。同時にニッサン・ヨーロッパや厚木のスタジオでもデザイン開発が始まりました。パッケージはまだ未定だしドライブトレーンもまだ決まってませんでしたが、基本的アーキテクチュア（基本コンセプト）から始めました。その基本とは、ミドエンジンではなくフロントエンジンであること、そしていかにもフロントエンジンらしい形をしていることでした。

まずアーキテクチュアです。

それはニッサン車として見えること、BMWでもポルシェでもなく、あくまでニッサンであることが大切です。そして、240や300ZXの流れも受け継ぐことでした。

240は今でも多くのファンを持っています。クラブやウェブサイトは無数にあります。あのクルマのアーキテクチュアを考えると、小型でフロントエンジン、敏捷なイメージのルッキング、小さなキャビンなど、私たちが参考にすべきものは沢山ありました。300ZXも大切でした。あれはまず美しいクルマです。簡潔な美の象徴となっています。

ただあの頃は値段が高すぎたし、重くなりすぎてました。

ですからZの復活を願ったとき、重たいZXより軽快な240の精神に戻るべきだと思いました。でもZXが持っていた美は絶対に受け継ぎたい。つまりZXの美しさを240の価格やサイズで実現したかったのです。

こういうことを決める前に、私は史郎さんやジェリー、トム、そしてZXのデザインを手がけた人達などと、何度もディスカッションしました。厚木のアドバンスト・スタジオを率いていた山下さんはすごい人間でした。その他にもアメリカや日本、ヨーロッパの多くの素晴らしい人たちが参加しました。ヨーロッパを率いていた青木さんもその一人です。

ともかく「ニッサンはどうあるべきか」「新しいニッサンにとってZはどのような役割を果たすべきか」という論議を重ね、その結果をデザインに反映していったのです。

つまりファン・トゥ・ドライブで比較的低廉、そしてエンスージアスティックなスポーツカーということですね。

さらにオープンではなくて、本当のスポーツカーとしてクーペであるべきだということも決めました。エレガントである必要はなく、純粋なスポーツカーでなくてはならないのです。

純粋なスポーツカーとはどんな形かという議論が始まりました。フォーミュラカーのように力が入った胴体が必要だし、4つのタイヤの力強さ、その上の小さなキャビン。そういったイメージですね。これをベースにみんな色々なデザインをしてみました。レトロもあったし未来志向もありました。そこでまた論議になるわけです。

過去を見るか未来を見るか、とね。

やはり未来でした。ニッサンの変貌、明日を見つめるニッサンの姿勢を示さなければならない。大切なのは明らかに未来でした。

■近代主義とタイムレスな形

——でも同時にZの血統は無視できないでしょう？

ダイアン　そのとおりで、昔の血筋をコピーするのではなく、その感覚を蘇らせるということでした。ニュアンスといったらいいかしら。

別の言い方をすると240と300の間に生まれた子供ともいえるわね。

——つまり両方の血筋は引いているけれど世代が違う、ということですか。

ダイアン　まず350の平面図は大きな四角みたいなものです。タイヤがその4隅にあって、すごく安定的に見える。何といっても一番幅広い部分がホイールですから。このアーキテクチュアの上に各人が様々なデザインをしました。

それはとても健康的なデザイン・チームでした。

各人の間には競争があったけれど、友好的な競争でした。同じ意識を持って、共に頑張らなければ健康的なデザインは生まれないでしょう？　特に私たちにとって幸運だったのは、このNDA（ニッサン・デザイン・アメリカ）に若くて有能なデザイナーがいたことでした。名前はアジェイ・パンチャル（Ajay Panchal）といいます。

彼が描いた最初のスケッチをもとに、1／4モデルのオリジナルを作りました。それをベースに開発を続けたのです。そのアイディアが結局、日本やヨーロッパのものをしりぞけて最終フルスケールへと選ばれました。

つまり彼がまずスタートさせ、それをもとにみんなが協力し、素晴らしいモデラーにも助けられてフルスケールが作られたのです。その過程ではジェリーも史郎さんも山下さんも、みんな貴重な仕事をしてくれました。とても刺激的でしたね。それにすごく早かった。たった7週間でフルスケールを作ったのだもの。

それをもとに日本の開発チームが生産型を作るのには、5ヶ月かかりましたけれどね。グラスとかドアハンドルとか、そういうところに時間がかかるんです。でも結局は日本のチームもスケールモデルをもとに、すばらしい実車を作ってくれました。それが会社に承認されて、生産型へのゴーが出たのです。もっともそのためには細部を変えなくてはならなかったけれど。

ともかく私たちアメリカ側のプロポーザルが採用されたわけだけど、日本の人たちがすごく協力してくれたのです。史郎さんはしょっちゅう来てはアドバイスをくれたり、変更をしたりしました。前にも言ったけれど健康的な関係というのが、いちばんいい表現ね。

――ところでダイアン、あなたはトラックやSUVのデザイナーとして有名ですね。スポーツカーは最初の経験だったと思います。

ダイアン　そうです。スポーツカーって地面との関係が大切なのね。がっしり地面を掴んでいるという感じ。それがとてもエモーションを刺激するのですね。

――運転するのはお好きですか?

ダイアン　ええ、時にはとても速く走ります。夜遅くね。

――Zは多くのファンに支えられているので、それを変えるのには抵抗はなかったでしょうか?

ダイアン　もちろんすごくありました。無数の電話、手紙、メールが殺到しました。2001年のショーカー、あれは生産型に近いのですが、あれが出た後、ひどく中傷的で乱暴な言葉も受けました。「オレのZの大切なイメージをいったい、なんでぶっこわしてしまうんだ！」といった調子でね。でも面白いことに、時間が経つにつれてそういう人も新しい形に馴染んで、賛成するようになった。時間はかかったけれど最近は大半が「あなたたちは、とてもいい仕事をしてくれた」と言ってくれるようになりました。

最初色々な批判があったのも分かります。私たちが狙ったのは、絶対にドイツ的でもなければアメリカ的でもない、国際的に通用する形だったからです。というのは今、ニッサンにはもっとグローバルなイメージが必要だし、そんなグローバルなデザイン・テイストのシンボルとしてZを造形したのです。

そこには近代主義とタイムレスな形が両方生きています。

いいスポーツカーというのはタイムレスなデザインでなければならない。30年、40年たっても「きれいだね」と言われなくてはならないのです。だから余りにもモダーンになりすぎて、結果として寿命が短くなるような形は避けました。もちろん新しいラインや面はありますが、それとクラシシズムとを両立させてきたつもりです。

やはり実際に見て、理解するまで人は時間がかかるのですね。だんだんと新しいデザインの価値を発見していく。そういう過程で古くからのZファンも積極的に支持するようになってきたのだと思います。最初からいいなって感じるデザインは、すぐ飽きられるのね。

まあ恋愛関係みたいなもの。

ゆっくりお互いを理解することによって愛が生まれてくるのではないでしょうか。

――ところで主にインテリアは日本でやったのですが、その感想はいかがですか？

ダイアン　いい仕事をして下さったと思います。簡潔で素直なデザインだし、なんだか安らぎのある空間ができてますね。しかも上等な機械感覚もある。それを巧みにマッチさせていると思います。外観も同じですね。ドライバーオリエンテドでエゴイスティックでも、なんとなく雰囲気がある。

■スターはデザイナーではなく、クルマそのものなのです

――スポーツカーは限りなくアートに近いものだと思いますが、でも工業製品です。そこにアートとは違って、細部を自分の思う通りには仕上げられないという事情があると思います。しかもクルマのデザインは絵画などとは違い、共同作業ですよね。それをどう感じますか。

ダイアン　Zカーみたいな車の場合、論議が激しくなりますね。たとえばドアハンドルで、ショーカーのそれは薄くて、きれいなバーでした。それは細部まできれいにしたかったからです。でも生産型は実際にそれでは使いにくかったり、空力の関係でもっと厚ぼったくなりました。それは仕方ないわね。

いちばん問題になったのは、リア・サスペンションのストラットを結ぶタワーバーですね。コストとこのバーが入る関係で、ハッチバックは無理だと設計者からは言われました。それでも私たちは、ハッチバックにしたかった。特にリアクォーターの形は車全体を決めるから、変なところにトランクのラインを入れたくなかったの。そうなるとリアランプの形も変わりますし。

結局、それはタワーバーをケースを入れることで解決したわけ。しかもそのケースがデザイン的な特徴になったわけだから、マイナス要素をプラスにしたともいえるわね。そういうことは沢山あったけれど、結局克服したと思います。

――向こうから新しいZカーが来た時、「私のクルマだ！」って感じますか？

ダイアン「私がデザインしたクルマ」というより「私たちがデザインしたクルマ」と感じたい。どのクルマもたった一人のデザイナーの作品ではなく、複数の人たちのチームワークの結果だから。だからといって数が多すぎてもダメだけど。デザイナー、エンジニア、モデラー、みんなの共同製作なのです。私は私たちのチームを誇りに思っています。

スターはデザイナーではなく、クルマそのものなのです。

私たちはそのスターを生み出すために懸命になっただけです。チームこそ最大の価値であり武器なのですね。すごく刺激的な仕事だったから、このエキサイトメントをどんどんリレーしていきたいと、そう思っているところです。

インタビューを終え、撮影をした。

NDAの駐車場には、デリバリー前のZは一台もその姿がなく、アウディTTが3台も停まっていた。デザイナーという職業の人々に、バウハウスの流れをくむと言われるTTのようなデザインは好まれるのかもしれない。

もしもTTのデザインがZのデザイナー達に内面的な影響を与えたのだとしたら、新しいZはアメリカ合衆国と日本だけではなく、ゲルマンの血も流れ込んだスポーツカーだということになるな、とぼくは考えたのだった。

スポーツカーのデザインとは、不思議なものである。

それに何よりも、スポーツカーとは多くの人々の気持を突き動かすものなのだろう。

ダイアンさんの話を少しばかり補足すると、ダイアンさんが中心になってZのデザイン案が練られていたのは、世間では日産が買収されるだとか、アメリカから撤退するだろうと言われていた時期だったのだ。ダイムラーベンツとクライスラーが合併した、驚愕の年でもあった。

その後日産本社がルノーと提携することを決定すると、北米日産とNDA（ニッサン・デザイン・オブ・アメリカ）では、Zの復活が決定したような騒ぎになっていったようだ。日産が北米から撤退するという噂まで流れ、北米の日産関係者にとっては、新しいZはどうしても必要なシンボルとなっていた。

そこで彼らは独自に、日本のチームとは別のプロトタイプを製作し始めたのだ。

NDAの有志たちが中心になり、先にニューヨークで公表した絵を外注し、プロトタイプを完成させてしまったのだ。これが1999年1月のデトロイトショーに登場したモデルである。直4エンジンが搭載されていた。これを見た多くのメディアが〈Z復活！〉と報じ、日産全社が、Zの復活なしに日産の復活はあり得ない、という空気に包まれていったのだろう。

2000年1月のデトロイトショーに正規のプロトタイプが出品され、カルロス・ゴーンがZの復活を高らかに宣言する、ちょうど2年前のことであった。

Zのグル（導師）と呼ばれた男
——ジョエル・ウィークス氏へのインタビュー

ダイアン・アレンさんへインタビューした翌日、北米日産を訪問し、プランナーのジョエル・ウィークス氏（Joel Weeks/North American Regional Product Manager Sentra&350Z-Product Planning）にインタビューした。

広報担当ディーン・ケイス氏（Dean Case /Manager Nissan Product Public Relations）が同席して下さった。

ディーンさんはジョエルさんを、「Zのグル（導師）と呼ばれている男だ」と紹介してくれた。そして、新しいZに関してはアメリカ側が大きな仕事をしたこと、中でもジョエルさんが中心的な役割を果たしていると説明してくれた。

■ベンチマークはポルシェ・ボクスターでした

ジョエル　なんでも聞いて下さい。今のところ、7800台以上が販売前に注文を受けて、一応ここでストップしたほどですから、出足は好調です。まだ細かいユーザープロファイルは出てませんが。

——昨日デザイナーのアレンさんからZ誕生の背景をうかがいましたが、エンジニア、プランナーの立場からも説明してほしいのです。いつ、どのように新型は生まれたのか、ということを。

ジョエル　ご存知のように96年をもってアメリカでのZの販売はストップしていました。偉大なクルマだったけれど、高すぎて売れなくなった。とても残念でした。

でも何とかそのスピリットを生かしたかった。やがて時が過ぎるにつれて、数カ所で何とかZを復活できないかという声が出てきました。アメリカだけでなく日本でもです。

例えば水野和敬さんは何とかZ精神を生かしたがっていた。多分日本でも非公開に、いってみれば水面下で動きがあったと思います。

一方アメリカのマーケッティングではあの２４０Zを１００台ほど作ろうという計画がありました。つまり、あのクルマの一種のレプリカのようなものですね。でもやはり新しいZがいるのではないか、と。ＮＤＡでもこちらのマーケッティングでも密かに話は続けていました。そして98年にその計画に一応のＧＯが出たのです。

そこから論議が始まりました。一体どのようなクルマであるべきかというね。水野和敬さんや私たちのグループは、アメリカでいくつものクルマに乗ってみました。ボクスター、ＧＴＲスカイライン、コーベット、ＢＭＷのＭ、三菱のエクリプスさえ一応参考にしました。一番下のクラスの例としてね。

その結果、小さく軽く敏捷なスポーツカーが存在し得るという結論を得ました。

コーベットはすばらしくパワフルで男性的ですが、どうみてもダンスのパートナーじゃない。私たちが狙ったのはダンスパートナーとしてのクルマです。

それがハンドリングやドライヴィング感覚の目標となりました。

メインターゲットというか、ベンチマークはポルシェ・ボクスターでした。

それから99年にゴーンの認証を受けて、プログラムは正式に動き始めたのです。彼はすごくZを支持してくれて、新生ニッサンには不可欠のクルマであることを理解していました。私たちは大きなGTクルーザーを作ろうというつもりはありませんでした。長いフードと短いデッキ、ちょっと立ち気味のウィンドシールドなどの特徴を守ろうという気持ちがありました。

しかもリアクォーターはZXのそれを生かし、要するに血統を出したかったのです。インテリアにも伝統を残したかった。

——三連メーターがありますが、今のZに電圧計なんて必要ありませんよね(笑)。あれは、一種の楽しみのためのものですね。

ジョエル　そう、あの電圧計や油圧計は楽しみのためのものですよ(笑)。ともかく水野和敬さんが与えてくれたFMプラットフォームは素晴らしいものでした。

あのプラットフォームがあったからこそスポーツカーに相応しいハンドリングと、スポーツカーとしては異例にいい乗り心地を両立できました。

水野さんはル・マンなどからとてもいい経験を得ていたのですね。レーシングカーというのはドライバーにとって可能な限り快適なものでなくてはならない、それが彼の得た思想で、その信条を生かしたのがZなのです。

あのプラットフォームだとVQエンジンということになります。確かに直6の方が伝統的でしょうが、商売のことまで考えればやはりV6でしょうね。実際あのエンジンはいいし、短いからフロントミドシップに持ってこられて、重量配分が理想的になります。そう考えると正解だったと思います。

　基本メカニカル・コンポーネントは主として厚木で開発され、それをアメリカで目標に合わせてチューンしました。アリゾナにもニッサンのテストコースとエンジニアがいますから、そこで一緒にやりました。なんといってもアリゾナには有名なエンジニアのブルース・ロビンソンがいましたから、毎月厚木のエンジニアと一緒に仕事をしてましたね。

　多分アメリカ人ではブルースほど新型Zに乗った人間はいないでしょうね。それを私たち商品企画者がダンスパートナーとして最適か、ときどきチェックしたのです。

――Zはアメリカだけでなく、日本でもヨーロッパでも売れますよね。だとしたらそちらの要求も必要でしょう。

ジョエル　でも8割がアメリカです。だからやはりアメリカ中心にならざるを得ない。で、他の市場用には細部を改変する、と。

■ダンスパートナーとしての条件

――ダンスパートナーとして求められる要件をより詳しく説明してください。
ジョエル　コーナリングのときの軽快さ、それが何よりも大切でしょうね。ともかくオリジナルの240のようなクルマにしたかったのです。お買い得で、これに関しては絶対にライバルには負けない。69年の240とまったく同じようなポジションを現代のアメリカで得たかったのです。

確かにインフレで価格は240時代とは桁が違っているし、69年のユーザーよりはもう少し余裕のある層を狙っているけれど、基本的な思想は同じで、お買い得なクルマということです。

また、毎日使えるクルマであるということ。

つまり人によってはこの1台だけで済むクルマであることも大切です。たとえばボクスターのユーザーはそれ1台だけじゃないかもしれないし、通勤に使うことも少ないだろう。でもZはある人にとってはウィークエンド用かも知れないけれど、多くのユーザーにとっては実用車でもあるんです。

——いってみれば小さく格好いいミニバンにもなり得る、と。

ジョエル　まさにそのとおり！　でも子供のいない家庭のね(笑)。

——でも2万6千ドル台で売るというのは、実際はきついでしょう。

ジョエル　それは一つにはスカイライン、アメリカでのインフィニティG35とプラットフォームを共用していることが貢献しています。VWだってニュービートルからA4、さらにTTなどプラットフォームを共用しているでしょう。私たちもそういう風にして、同じプラットフォームを使いつつも、まったく違ったクルマを作っているのです。

——ところで、プラットフォームの言葉を定義していただけませんか。

ジョエル　基本的にはシャシーコンポーネンツ、アンダーフロアなどの共用で、場合によってはホイールベースは違うかもしれない。でも主要コンポーネンツはかなり近いか共用している。製造方法もかなり同じシステムが使えますから。

――アーキテクチュアとプラットフォームの違いは？

ディーン　私はアーキテクチュアはもっと広義の言葉だと思いますね。いってみれば考え方のようなもので、非常に緩い。それに対してプラットフォームは数値まである程度共通しているように、実質的な面が強いと思います。

――プラットフォーム共用で一つ問題なのは、イメージだと思います。あのクルマはあの安いクルマと同じプラットフォームを使っているのじゃないか、というような話ですね。

ジョエル　余りにも似ているクルマの場合はそうですね。最初のマキシマとインフィニティ30のように似すぎてしまう。

でもZをG35（アメリカ版スカイライン）の隣に置いても、ほとんどの人は共通性に気がつかないでしょう。ZはZの血統を持っていれば、何をベースにしようが構わないのです。あなた方のようなプロや自動車雑誌を読むような人は知識としては知っているでしょうが、ZがZとなっていさえすれば、どのクルマとプラットフォームを共用していようがかまわない。いいクルマはいいのです。

しかも本当にクルマが分かっている人は、同じプラットフォームを使いながらも多種の魅力的なクルマを作れることを理解してくれます。

――今回の仕事をご自身ではどのくらい満足していますか。

ジョエル　ほとんど100％ですね。最後の数ヶ月は湯川伸次郎さん達と必死になってしまいました。3ヶ月前なら90％だったでしょう。だけど最後の追い込みがききました。

やはり最後はハッチバックという剛性が低くなりがちなボディでいかにきちんと剛性をだし、ハンドリングを理想的にするかでしたね。エンジニアはクーペを欲しがったけれど、私たちはダンスパートナーが欲しいから、使いやすく格好もいいハッチバックが欲しかった。

これが現実的には最後の6ヶ月ぐらいの勝負の結果ですね。だからもう100%満足です。エンジニアも同じだと思う。ピュアスポーツカーでハッチバックというのは本当に便利だし、カッコイイですよ。だから何としてもこれを実現したかった。やはりハッチはいいですよ。あのクルマの一つの大きな価値です。ハッチであれだけの剛性を得ているというのはね。

■Zはジャパニーズ・スポーツカーと言えるのか

――今までは国別のスポーツカーというイメージがありましたね。イタリアのスポーツカー、ブリティッシュ・スポーツ、ドイツのスポーツカーというように。

ジョエル　そうですね。

――ただ、今はたとえばイタリアのスポーツカーを必ずしもイタリア人がデザインしているわけではない、という現実があります。さらに、資本の提携も非常に複雑になっていて、どこの国の自動車、ということさえ曖昧になってきています。

現にニッサンの社長はフランスから来たゴーンさんです。そのニッサンもZを作ったわけですが、最初のデザイン案はアメリカで発案されたものです。そんなZは、ジャパニーズ・スポーツカーと言えるのでしょうか。

ジョエル　Zというのは定義が難しいですね。Zはアメリカで素晴らしい過去の歴史を持っています。それは国境を超えたものなのです。ZはZです。

今回の新型でも、買おうという人は何かしら昔のZに縁があるのですね。父親が持っていたとか、昔家にあったとか、憧れていたとか、誰もがそれなりにZカーの記憶を持っているのです。Zカーが復活するということは、記憶が復活したようなものなのです。

ディーン　過去40年にわたってアメリカにおける日本車のイメージは変わりました。今はアメリカ人の間でもニスモの名前が知れ渡っているぐらいですから。単なる安い小型車から国境を超えるようなクルマが出るようになった。

だからアメリカ車とも日本車とも断言できません。ZはZなのです。

それを変えた二つのクルマがダットサン510と240Zだと思います。だからZが日本製だと知って喜ぶお客も多いと思います。それを気にしない人もいるでしょう。

ジョエル　スープラと比べてご覧なさい。スープラは明らかに日本製スポーツカーです。それは伝統がないからです。RX7はそれなりの伝統を持っているけれど、Zのそれには及ばないと思います。

ディーン　私自身、以前はマツダに勤めていたので知っていますが、Zクラブの連中の方が、はるかに情熱的ですね。ともに国境を超えてますけれどね。それに昨日も240Zや300ZXのユーザーと話してうれしかったのは、彼らは新型を買ってくれたにもかかわらず、これまで乗っていた240や300は維持し続けるというのですね。つまり買い足してくれたわけです。その方が使いやすいからってね。

――今世界中のメーカーが色々なスポーツカーに挑んでます。強力なSUVこそスポーツカーだというところもあるし、スーパースポーツもどんどん生まれています。そういう中でスポーツカーというのはどのようになっていくと思いますか。

ジョエル　SUVやトラックはそろそろ反発を受けかかっていると思いますね。顧客というのはいいイメージやフィーリングを追っているものです。いま、私たちはオリジナルの純粋なエンスージャスティックなスポーツカーを求めるように変化しつつあるのではないでしょうか。だから今回のZは成功したのだと思います。

新型は2つのタイプの市場に受けてます。一つは若い男性。クルマが好きで、アグレッシブに生きているね。もう一つの大切な市場は年輩者です。多分子供は独立して大きなクルマはいらない。純粋なスピリットだけでいい。

ミニバンなんかにはエモーションが感じられないでしょう。だからスポーツカーがまた、アメリカに帰ってくる時がきたのだと思っているんです。それにエクリプスやインテグラなどのクーペに乗っていた若者もきてくれるでしょう。ああ、本物のスポーツカーに乗れるってね。今まではそんなピュアスポーツカーは買えないと思っていたけれど、Zなら買えるとね。

――でもスポーツカーの価値のひとつは稀少だというところにあって、だからあまり売れてもイメージが損なわれますよね。

ジョエル　その通りですね。かつては年間8万台から場合によっては10万台近くのZを売ったこともあります。それは多すぎる。商売として成り立ってしかもイメージを損なわないためにどこでバランスをとるか、昨日も話していたところです。8万台では多すぎる。多分年に4万から5万台まででしょうね。3万から4万までならイメージを維持できますからね。

二人にインタビューしたその日は、全米でZのデリバリーが開始される日だった。会社の前まで送ってきてくれたジョエル氏は、「ぼくのZも港に着いたはずなんだけど、いつ届くのかな」と言うと実に嬉しそうに笑っていた。

そんな彼らには、「Zは、ジャパニーズ・スポーツカーといえるのでしょうか」という質問はちょっと奇異に聞こえたのかもしれないな、とぼくは思ったのだった。

これには、初代Zの誕生を巡るエピソードも関係しているように思う。

1960年代後半、アメリカのマーケットで日本車はまったく売れなかった。在庫だけが増えていき、北米日産自動車の片山豊社長は悩んでいたと言われる。

だが自動車会社である以上、どうしても自動車先進国である北米マーケットに受け入れられる必要があった。そうでないと、日本車はいつまでもローカルな存在のままだろう。

片山氏はアメリカのマーケットを意識したクルマ作りをしてみてはどうか、と発想する。アメリカ人の好みを分析し、そういうニーズを満たすクルマを作ったらどうだろうかと考えたのだ。

今や伝説にもなっているが、片山氏は日産自動車本社に、アメリカマーケットの現状とアメリカ向けモデルの必要性を説いたと言われる。最初は懐疑的だった日本の首脳陣も、片山氏のあまりの熱心さに負け、アメリカ向けモデルの開発をスタートすることになったのだ。

もっとも、そうは言っても必ずしもその姿勢が積極的だったわけではない。Zの開発ストーリィはNHKの番組にもなったが、これを見るとそのメンバーもエリート組ではなく、主力以外からかき集めて構成されていた。

彼らはアルファベットの最後の文字、それより後はない「Z」という名称のスポーツカーを必死の思いで誕生させる。

アメリカ人の趣向にあうデザインや、あの広大な大陸を横断するのに充分なパワーを持ったエンジン。こうして誕生したZは、誰もがスポーツカーをイメージするロングノーズ&ショートデッキというスタイルを持っていた。既に販売されていたフェアレディの名を継ぎ、フェアレディZと命名された。Zは初めて北米大陸で成功をおさめた日本車となり、日産は世界の日産と言われる企業に成長した。

もともとそんな背景のもとで誕生したクルマだから、アメリカの人々にとってZはアメリカが育てたスポーツカーなのであり、日本人のぼくらにとってはジャパニーズ・スポーツカーというイメージが強いのかもしれない。

3章

東京でZと暮らす日々

日本男児の気分にぴったりのスポーツカー

台風がやってきたようで、外は強い雨が降っている。

今、東京でZと共に暮らしている。モンテレーブルーのボディの、オートマティック車である。カリフォルニアで乗ったのは左ハンドルだったが、当然のことながら日本だから右ハンドルだ。パーキングに屋根がないので、Zも雨に打たれているだろう。

あれほど暑かった夏が嘘のように涼しくなった。ひと雨ごとに、空気は冷えていく。エアコンをつけっ放しにしないと眠れなかったのに、今ではもう毛布が一枚必要だ。外出するにはジャケットが要る。

濃紺のZは、都内をキビキビ走る。

たとえば同じ60㎞／hで都内を走る時でさえ、いいセダンというものはあくまでも優雅でスピードを感じさせないもので、本物のスポーツカーというのは持てる力を隠し「行けと言われればいつでも行くぜ」というようなフィーリングを感じさせるものだが、Zはまさにスポーツカーの走りを見せてくれる。

おもに夜中、ぼくは都内のあちこちを、渋谷や青山や原宿や新宿を、用事もないのに走り回っている。FRってのは、やはりいい。

だが都内で面白いのは、やはり首都高速だ。首都高速を走る時にこそZは俄然輝き出す。ピタッと路面に張り付き、コーナーをクリアしていく。その走りは素晴らしい。時間が経てば経つほど、走れば走るほど、この美しいマシンを好きになってくる。

心地よい緊張感に、喜びを感じる。

新型Zは5代目になるが、そのコンセプトやスタイリングは初代Zを彷彿とさせる。Zのアイデンティティは見事に受け継がれていると言うべきだ。

だが同時に、彼は自分自身が新しいスポーツカーであることを主張している。BMWのZ8、あるいはフォード・サンダーバードのようなレトロなデザインではない、という意味だ。

さて、最初に必要なデータをお伝えしなければ。

まず前述したように、かつてのZは2シーターと2by2タイプのボディを持っていたが、今回のモデルは2シーターだけだ。

シャシーはスカイラインと同一である。ただし、ホイールベースはスカイラインよりも200㎜短縮され、2650㎜だ。これが、四隅でドーンッと踏ん張っている、という独特な印象を見る者に与えている。

だがこれでも、先代より200㎜長いロングホイールベースが採用されていることになる。

搭載されているエンジンは3・5リッター、自然吸気のV型6気筒エンジンVQ35DEだ。スカイライン350GT―8に搭載されているエンジンをベースに、吸排気系のさらなる高効率化や、中・高速域でのフリクションの低減が計られている。280馬力である。これは、日本の自主規制が280馬力だからだ。

ミッションは6速MTと5速ATの2種類。

5速ATをマニュアルゲートで使用する時には、停止時の1速への自動変速を除き、完全ホールドが可能となっている。つまり、MTと同様のドライヴィングが可能だということで、これはワインディングなどでは効果絶大だ。

グレードは四種類に分かれている。

基本がフェアレディZ。

バージョンTはレザーのパワーシートとボーズサウンドシステムを装着している。

バージョンSは6速MTのみが設定されるスポーツモデルで、18インチの前後異なるサイズのタイヤ&ホイール、それからブレンボのブレーキシステムを装着。

そうそう、書き忘れたが、アメリカ版は18インチで、これは彼らが病的なまでに太いタイヤを愛好するせいだ……とぼくは解釈している。日本版は17インチで、ぼくはこっちのほうがずっと好きだ。乗り心地がいいからだ。試乗車は、前が「225／50」、後ろは「235／50」の17インチのブリヂストン・ポテンザを履いている。

前にポルシェ911に乗っていた時、18インチをわざわざ17インチに履き替えたことがある。週末にだけ楽しむならいいが、毎日乗るなら乗り心地はいいほうがいいからだ。もっとも2台めの911は見栄えを優先し、18インチのまま楽しんだのであるが。

アメリカの人達は18インチで西海岸の荒れた路面を飛ばして疲れないのかな、と要らぬ心配をしてしまう。

最上級グレードとなるバージョンSTは、バージョンSのメカニズムにバージョンTの装備が加えられたモデルとなる。

価格は300万円から360万円までだ。

この価格設定は、先代の300ZXへのアンチテーゼなのだと思う。300ZXはスタンダードモデルに加えてツインターボモデルが設定され、こいつは300馬力という高性能を誇ったが高価格がわざわいし販売は苦戦、結果的に生産中止に追い込まれている。

新型の350Zは仕様こそ五種類用意されているが、エンジンは3・5リッターV6一種類で、サスペンションのチューニングも同じだ。車重もすべてのモデルが50kgの範囲の差しかなく、価格差も60万円の範囲におさまっている。

さらに日本使用もアメリカ使用も、各国の法律的な問題をクリアするためのディテールとハンドルの位置を除けば、基本的に同一だ。

コカ・コーラのような普通の人々のためのスポーツカー、というコンセプトがこうした形で具現化されているのである。

Zの最も素晴らしい美点は、視界がナチュラルであることだ。とりわけフロントの右下、左下は人間工学的に考え抜かれているようで、長時間運転しても疲れない。一定以上のスピードで走り続ける時、極端な話、オートバイのようにすべてが見えればいいというものでもない。余計な情報はカットされているほうが、重要な情報を見逃す確率は下がる。かと言って視界が狭すぎると不安だ。その辺りのバランスが絶妙なのだ。

もっともスポーツカーなので、車庫入れの際の後方視界はよくない。ま、これは慣れの問題だろう。エンジンはよく回り、しかもあまりにもレスポンスがいい。湾岸道路でもクルージングするという感じではなく、不用意にスロットルを踏み込むとZは猛然と加速していく。ブレーキングもジワッと真綿で絞め殺すという感じではなく反応が早い。

すべてにおいてZの反応はビビッドで、この辺りはポルシェ911やアルファロメオに比べると子供っぽい感じがしないでもないが、つまりこのテイスト、若々しさこそがジャパニーズ・スポーツカーなのだと思う。

インテリアもオリジナリティに溢れ、現代ではあまり実用的とも思えない伝統の三連メーターとか、黒で統一されたルームにアルミなどの金属がギラリと光る様とか、もう『機動戦士ガンダム』の世界である。シャア専用ザクのコクピットに腰かけている気分、と言ったらいいだろうか。

あるいは、チルト式でステアリングといっしょに上下するタコメーターとスピードメーターは、オートバイ感覚である。

サウンドもそうで、４０００回転を超えるといきなりカキーンッという金属音に変質する。実に分かり易く、この辺りは五十歳を越えても大人になりきれない今の日本の男達のようだ。ぼくはこれを、もちろんいい意味で言っているのだ。

欧米の男達は長いサマーバケーションをとったりするが、海辺のリゾートに行ってもディナーの時にはタイを締め、見飽きた古女房に「君は今夜はきれいだよ」なんて言わなければならない。エレベーターに先に乗ったりしたらたいへんで、起きている間中、ジェントルメンを演じなければならないのだ。

日本のように女房に財布を握られるなんてことがないかわりに、週末には買い物につきあい、細かい計算をしながら支払いをし、荷物を抱えて女房の後をついて行かなければならない。それでも当然のことながら、エレベーターに先に乗ってはいけない。

日本の夏季休暇は短いかもしれないが、〈夕涼み、よくぞ男に生まれけり〉というぐらいで、男ってものはいたって気楽である。たとえば落語の世界にも、女房に「君は今夜はきれいだよ」なんて言う男はただの一人も登場しないではないか。

宗教からして、向こうはマジに神を信仰していて個人というものが確立しているが、こっちは八百万《やおよろず》の神というぐらいで、まあアニミズムみたいなものだ。

西欧人はアジアのアニミズムを原始的な宗教として見下しているのだろうが、彼らがお互いの神様のことで戦争までしているのを見ると、むしろアニミズムのほうが優れているんじゃないの、とぼくなどには思えてくる。

Zは、確かにそういうぼくら日本男児の気分にぴったりのスポーツカーなのだ。

ドイツのスポーツカーやイタリアのスポーツカーにはない、日産の味が感じられ、この味つけをしたエンジニアの人が「あんただってこういうの嫌いじゃないだろ?」と言ってニヤリと笑っているような気がする。実はそのエンジニアの水野和敬氏にこの後お会いすることになるのだが、彼の話はまた後で紹介することにしよう。

そういう意味でZは、大和魂そのものなのだと思う。

念のために書くが、大和魂と言っても第二次世界大戦当時の帝国主義的な愛国心のことを言っているわけではない。大和魂という言葉は、『源氏物語』に最初に登場する。源氏が夕霧を元服させて大学にやろうとする時に言う言葉のなかにあらわれる。

「猶、才を本としてこそ、大和魂の世に用ひらるる方も、強う侍らめ」

才は「ざい」と読み、学問という意味だ。だから源氏のこの言葉は「学問をちゃんとしてこそ世間で大和魂をちゃんと働かせることができるのだ」というような意味になる。

つまり、大和魂とは学問の対極にある、生活の知恵のようなものと考えればいいのではないだろうか。机上の学問に対する、生きた常識というような意味合いだ。

あるいは、漢学に対する、大和の知恵という側面もあったようだ。

誰かが洒落た冗談を言う。皆が笑ったり微笑ましい気持になったのに、一人だけ仏頂面をしていたとする。そんな時には、

「あの方は才はあるかもしれないが、大和魂のない方だ」と言ったのである。

現代を生きるぼくらは、学校では西欧の学問を勉強させられる。自動車というものも、西欧が発明したものを学んできたのである。すると、ぼくらにとっての「才」とは西欧の近代的な知性ということになる。

そして大和魂とは、日本人的な優雅さ、遊び心、生活の知恵といったものだろう。

太平洋戦争は、多くのものを歪めた。古事記の時代は、天皇も「神に近く、神とでさえも気軽に話せる人」だったのに、いつの間にか現人神ということになってしまった。大和魂という二重三重

の深い意味合いが込められた深い言葉も、戦争が歪めてしまったのだ。

Zのステアリングを握っていると、このクルマのインテリアは言葉本来の意味で大和魂に溢れたクルマだなと感じられる。それを、『機動戦士ガンダム』みたいだな、とぼくは感じるわけだ。

そう言えば、ガンダムと言えば、Zの兄弟とも言うべきGT－Rは外観まで含めてガンダムそのものだ。

可愛らしいものと、あまりにも美しいモンスター

話が脱線するが、『機動戦士ガンダム』というのは富野由悠季が監督をつとめる人気ロボットアニメで、いくつものシリーズがある。宇宙を舞台にした戦記なので、外伝みたいなシリーズも存在し、全部合わせるといったいどれくらいの時間になるのだろうか。

とにかく、とてつもなくスケールの大きな、感動的な巨編アニメなのだ。

最高の名作だと言われているのが最初のシリーズである通称ファーストガンダムと、劇場公開された『逆襲のシャア』である。ぼくが個人的にいちばん好きなのは『∀ガンダム』だ。

20周年ということで、幻の名作と言われたファーストガンダムや『逆襲のシャア』がDVD化、ビデオ化され、『∀ガンダム』は劇場公開された。

ガンダムを知らない人は、子供だましのロボットアニメだろう、ぐらいにしか感じないかもしれ

ない。だが、そんなチープなものではないのだ。

人類が宇宙に進出し、テレパシー能力などを身につけた人々が出現しつつある。彼らはニュータイプと呼ばれ、旧人類との間に摩擦も起こったりする。いずれにせよ、人類は今まさに進化しようとしている……というのが舞台設定で、人間の持つ暗く残酷な側面もしっかり見つめようとしている。

何を隠そう……って、別に隠す必要はないのだが、ぼくもコアなガンダムファンの一人である。

ファーストガンダムでは、ホワイトベースという名の宇宙船に乗り合わせた少年達が、戦場を旅することになる。ブライト・ノアという艦長でさえ十八歳だ。少年達は最初から有能な戦士というわけではなく、裏切りや嫉妬や、臆病な心を抱え持ったぼくらのような普通の人間だ。

彼らは敵であるジオン公国の宇宙船に遭遇すると、モビルスーツに乗って出撃する。このモビルスーツがガンダムのようなロボット型兵器なのである。

ガンダムは連邦軍と呼ばれる少年達が属する側のモビルスーツで、敵側のジオン公国のほうには、ザクやザク2や、ゲルググなんていう魅力的なデザインのモビルスーツがある。ジオン側のヒーローはシャアという男で、彼はシャア専用の赤いモビルスーツを使用している。

ガンプラと呼ばれるプラモデルが再発されていて、ぼくも息子に手伝ってもらいながらガンダムを作った。息子のほうはシャアのファンなので、ナチスドイツの戦車や軍服を彷彿とさせるジオン側のガンプラばかり作っている。

そして、実は、GT—Rのデザインがガンダムのモビルスーツのデザインに強い影響を与えたのではないか、とぼくは密かに睨んでいるのだ。GT—Rのほうもガンダムの成功を受けて、臆することなくド派手なデザインを身に纏うようになったのではないだろうか。

Ｚの外観のデザインはアメリカで作られたデザインがベースになっているからグローバルだが、インテリアデザインや、エンジン音やギア比の設定などはきわめてガンダム的である。

『機動戦士ガンダム』に限らず、日本のアニメーションやゲームは素晴らしい。日本が世界に誇れる数少ない文化が、アニメとゲームである。そしてアニメとゲームは、大雑把に言ってしまえばふたつのキャラクターを生んだのだ。

可愛らしいものと、あまりにも美しいモンスターである。

たとえば、ピカチューとガンダムだ。

ヨーロッパ人にもアメリカ人にも、可愛らしいものもモンスターもクリエイトできはしなかった。バットマンなんてものは、日本のアニメに較べれば子供だましもいいところだ。バットマンカーなんて代物も、ガンダムには比肩しようもない。

ただ日本人だけが、ピカチューとガンダムを生み出すことができたのである。

ガンダムは、あるいは日産のスポーツカーは、いわばぼくら日本人の心の深部にある何かを具象化させたものだ。

では、その何かとは……一体なんだろう？

古来から日本人はそれを、大和魂と呼んできたのではなかったか。

そして今やガンダム世代が、ＺやＧＴ－Ｒの購買層の大きな部分を占めているのである。

フェアレディZとスカイラインGT―R

日産のスポーツカーの伝統は、フェアレディZとスカイラインGT―Rによって培われてきた。簡単に言ってしまえば、ポルシェで言うならZが911でGT―RがGT3に相当する、と考えてもいいのではないだろうか。

あるいはレイアウトで見れば、ZはFRの究極を目指すスポーツカーであり、GT―Rは4WDの究極を目指すスポーツカーだと考えることもできるだろう。

GT―RはZと同じように1969年に発売された日本を代表するスポーツカーだが、2000年度の排出ガス規制に適合していないため、いったん生産が中止されている。最後の限定モデル、Nurが、1000台だけ限定販売されたが、発売のアナウンスのあった日に完売になった。600万円を超える限定モデルが即日完売したのは初めてのことだそうだ。

最初にR34GT―Rのステアリングを握った時は「すごいぜ、何なんだこれは」と、ぼくは思ったものだった。GT―RはZ以上にレーシングカーみたいなマシンで、一般公道ではわずかなデコボコを拾い、ステアリングをしっかり握っていなければならない。

轍に入ると悲惨なことになる。

スロットルペダルを踏み込むと、ガッツーンと加速していく。背中はシートに押しつけられ胃袋が激しく上下し、吐きそうだ。日産はこんなものを売っていたのか……と、唖然としたものだった。

GT−Rは、こんな怪物に進化していたのか。

1989年に復活したGT−Rに乗ったことがあるが、あれだってここまでレーシーではなかった。加速感、ブレーキング性能、レスポンスの良さ、どれをとってもR34GT−Rは超一流である。このクルマのステアリングを握る時、些細な甘さも許されない。だが、三日もすれば体が慣れてきて、基本的には実に扱いやすいマシンであることがわかってくる。

もちろん、ぼくが公道を走るぐらいでは、その性能の半分も引き出せてはいないのだろう。いずれにしても、GT−Rが驚くほどのポテンシャルを秘めた1台であることに間違いはない。

そして、そんなストイックなスポーツカーが存在するからこそ、Zのコンセプトを実現することが可能だったのだとぼくは思うのだ。すなわちZは、究極のロード・ゴーイング・スポーツカーとしてプラニングされているのだ。

2台のスポーツカーは、それぞれお互いの存在があるからこそ、そのキャラクターをクリアに打ち出すことができるのだ。1969年から、ずっとそうだった。

フェアレディZとスカイラインGT−Rほどオリジナリティのあるクルマは、日本には他に存在しない。この2台のスポーツカーは、欧米のどんな名車にも似ていない。もしもZに似ているスポーツカーがあるのだとすれば、それはGT−Rである。GT−Rと共通のテイストを持ったスポーツカーが存在するのだとしたら、それはZをおいて他にない。

この2台のスポーツカーは、むしろぼくら自身によく似ていると言うべきだ。

世の中には、多くのスポーツカーが存在する。だが、ぼくらにとってZとGT−Rは特別な存在なのだ。なぜか。当たり前のことのようだが、この2台は我が祖国が生んだスポーツカーだからである。

ボーダーレスとか、グローバリゼーションとか言われ始めてから久しい。バブルが崩壊し、第二の敗戦だと言われ、日本はデフレスパイラルと表現される、出口の見えない不安な状況に置かれている。

今の日本では、1年間に13万件もの自己破産がある。10年間で130万人の人々が自己破産している計算になる。

2000年の自殺者は3万2千人にのぼる。これは、交通事故による死亡者の、三倍にあたる数だ。1990年代のはじめ頃は、毎年の自殺者は2万人代だったのに、98年頃から3万人代に増え、このままでは近い将来4万人を超えても不思議ではない状況だ。自殺は、日本人の死因の6位なのだ。10年間だと30万人以上の人たちが自らの命を絶っていることになる。10代の青少年よりも、むしろ40代以降の熟年層の自殺者が多いのが最近の特徴だ。

こうなると、もはや非常時である。

今や、年金制度や健康保険制度も崩壊寸前だし、日本という国家そのものの屋台骨が揺らいでいる。年間数万人単位で日本人の海外移住が進み、チェンマイなどでは病院でさえ日本語で事足りるのだそうだ。

かつて海外に出て行った青年達は、やがて日本に戻って来た。だが今外国に出て行っている若者や定年後の熟年層は、帰国する意志がないのだそうだ。

ぼくは別に愛国者ではないつもりだが、そんな日本のことを考えると、ひどく淋しい気持におそわれる。1億2千万人の孤独な魂が、じっと耐えている。そんな感覚にとらわれてしまうのだ。ぼくらはこれから、どうなってしまうのだろう。こんなはずではなかったのに……。

そんな時、Zが復活した。

大袈裟な言い方かもしれないが、ZとGT−Rこそは、ぼくら日本人の誇りだったのだ……と、ぼくは密かに思っているのである。

日産が地獄を見た時、だからこそ多くの日本のエンスーは他人事とは思えなかった。地獄を見たのは日産だけではなく、ぼくらも同じだった。日本列島そのものが苦しみ喘いでいたのだ。だからこそ日産が復活を遂げようとする時、誰もがほっと胸を撫で下ろしたのではないだろうか。

Zのステアリングを握って都内を走っていると、アメリカ合衆国の人々のことを思い出す。この一台のスポーツカーが、和魂と洋才の架け橋になっているのだと思う。

そしていつかぼくも、洋魂というものを理解したいと願うのだが、神を信じない日本人のぼくには、そんなことは適わぬ夢なのかもしれないという気もする。

だがいずれにしても、ゼロヨン加速がどうのこうのとか、コーナリング性能がどうしたということ以上に、Zがこうして復活したのだという熱い気持が胸の奥から込み上げてくる。

新鮮で苦しみ多き日々

1999年、日産自動車は窮地に追い込まれていた。

いや、日産ばかりではなく、日本経済そのものが危険水域に舳先を向けていた。

この年の6月25日、日産自動車は資本提携したルノー出身のカルロス・ゴーン氏の最高執行責任者（COO）就任を正式に決定した。ゴーン氏はルノーを再建させた立役者で、「コスト・キラー」（経費の削減屋）の異名を取ると伝えられた。

国内第二位の自動車メーカーが外国企業の資本を受け容れ、外国人の首脳を迎え入れたことが、列島全体に強い衝撃を与えた。日本の企業が独力で過去のしがらみと決別し、大胆な経営再生策を実行することの難しさが浮き彫りにされたのだった。

6月26日、共同通信は「250社が株主総会」と題した以下のような記事を全国配信した。

〈フランスの自動車会社ルノーとの資本提携を決めた日産自動車や、多額の公的資金を受けた大手都銀の三和銀行や第一勧業銀行など、全国の約二百五十社（警察庁調べ）が二十五日、株主総会を開いた。

総会の企業数が二十九日の約二千二百社に次いで二番目に多い「準集中日」で、戦後最大の不況が続く中、経営合理化に向けた大規模なリストラ策などについて、株主に説明した。

経営再建に取り組む日産自動車は、提携に伴う役員の入れ替えや、資産の売却などについて株主に理解を求めた。ルノーから日産の最高執行責任者となるカルロス・ゴーン氏は「日産の再建に全力を尽くす」などと日本語であいさつした。

頭取と会長がそろって相談役に退く三和銀行は、取締役の退職金を五割を上限に削減することを表明。九千億円の公的資金を受けた第一勧業銀行では、総会屋が経営責任を延々とただした。〉

カルロス・ゴーン最高執行責任者（COO）が日産自動車の起死回生をかけた経営再建策「リバイバルプラン」を打ち出し、コミットメント（再建公約）達成に向けて走り出したのは、まさにこのような時代であった。

共同通信は、同じ6月26日、日産自動車について以下のように伝えている。

〈ルノーの日産への資本注入額は、海外子会社への出資分を含めると六千五十億円。この結果、昨秋ピークに達した金融・資本市場での日産への不信感は遠のいた。

しかしニッセイ基礎研究所の加藤摩周・主任研究員は「二、三年で国内、米国の独力での業績改善を確かにしないと、市場の不信感は再燃する」と指摘する。

日産とルノーは言ってみれば「弱者連合」。今年、米フォード・モーターに乗用車部門を買収されたスウェーデンのボルボと、三菱自動車工業の提携関係が不透明になっていることは「中堅クラス」メーカーの提携の難しさを物語る。

日産が「外圧療法」に成功するかは、ここ一、二年が正念場といえそうだ。〉

新しいフェアレディZは、そんな日産自動車の復活の象徴として構想されたのである。

どこの国でも、自動車会社の歴史はその国の近代史に重なっている。ドイツのメルセデスやBM

W、あるいはポルシェもそうだし、イタリアのアルファロメオやフェラーリ、フィアットもそうだ。もちろん、アメリカ合衆国のフォードやGMだってそうだ。自動車というものが近代国家を成立させたと言っても過言ではないからだろう。

自動車が走るためにこそ国家的な事業として道路が整備され、各国は急速に近代化を推し進めてきたのである。

そういう意味で言うならば、日産自動車の歴史は日本の近代史であると言っても過言ではない。日産自動車の前身とも言うべき快進社自動車工場が東京・麻布に設立されたのは、1911年のことであった。快進社は、1914年には、上野で行われた東京大正博覧会に自社製の小型乗用車を出品している。資金を提供したのが逓信大臣・農商大臣を歴任した田健治郎、技術者の青山禄郎、首相だった吉田茂の兄の竹内明太郎の三人だった。

この三人のイニシャルをとって、初めて製造したクルマはDAT自動車と命名された。冗談みたいな話だが、日本名は脱兎号と言った。

やがて日本は戦争の時代に雪崩れ込み、他国の多くの自動車メーカーがそうであったように、快進社も国家に保護され軍用保護自動車の製造を行うようになる。

やがて快進社はダット自動車商会と名称をあらため、だが昭和恐慌に巻き込まれて倒産寸前のラインをさ迷うことになった。ダット自動車商会は、後に日立製作所と合併することになる戸畑鋳物に支えられ、1931年にはダットサンを発表する。これは、DATの息子のDATSONという意味だが、SONが損を意味するということから、DATSUNに改名されている。

その後日本の自動車産業は吸収合併を繰り返すので詳しい説明は省くが、１９３３年に新しい自動車会社である自動車製造株式会社が設立され、翌34年にこの会社が日産自動車と改称されたのである。

こうして日産自動車の歴史を振り返ってみると、ぼくらはニッサンとか〈ＮＩＳＳＡＮ〉とか、この会社の名前を音として記憶しているが、その背後には日本の産業そのものを支えようというような、当時の企業人達の思いが込められているように感じられる。

日産自動車は、いい意味でも悪い意味でも、日本という国それ自身によく似ている。そんな日本の屋台骨を支えてきた企業が苦しんでいたのだから、これは単なる一企業の経営の問題であることを越えて、多くの日本人が注視する社会問題にまでなった。

こうした中、１９９５年の暮れ、Ｚの生産中止が発表されたのだった。創業以来受け継がれてきた「技術の日産」、「スポーツカーの日産」という思想にピリオドが打たれた瞬間だった。

日本の未来を楽観し過ぎてはいけない。それはよくわかっているつもりだ。地球の未来を楽観してもいけない。

だがとりあえず、日産自動車は苦しみを新鮮な気持で乗り切り、今日に至っている。カルロス・ゴーンはわずか二年で、瀕死の日産を再生させることに成功したのだ。考えてみれば、これはとてつもなく凄いことなのではないだろうか。

黄金の1969年

初代フェアレディZがデビューしたのは、ご存知のように1969年だった。

それはまた、今や神話とさえ呼ばれる、当時北米日産自動車の社長だった片山豊氏の物語のスタートでもあった。

アメリカ西海岸をベースに活動したイーグルスの〈ホテル・カリフォルニア〉という歌に、〈ぼくらは1969年以来ワインを飲む習慣を失った〉というフレーズがある。

若い方々は実感として理解しずらいだろうと思うが、1969年は特別な年だった。音楽や詩や演劇が、一気にピークを迎えた年であった。

熟成したワインが振る舞われる宴のようなものだ。

そしてスポーツカーのシーンでも、事情は同じだったのだ。

当時、日産自動車ばかりか、北米市場で日本車はまったく売れなかった。自動車文化の先進国であるアメリカ合衆国で売れなければ、日本の自動車メーカーはローカルなままだ。だがアメリカ市場は、日本車には見向きもしなかったのだ。

日産のクルマはダットサンというブランドで売られていたが、丈夫で安価だが武骨なクルマ、というようなイメージしかなかったのではないだろうか。

片山豊氏はここで発想を逆転し、まずアメリカのマーケットを意識してみようと考えた。出来上がったクルマをどう売るかを考える以前に、消費者であるアメリカ人の好みをリサーチし、それに合致するクルマを作ったらどうだろうかと考えたのである。

こいつによってダットサンのブランドイメージを一新すべきである、と願った。

そのクルマとは小型トラックでもセダンでもなく、たとえばジャガーEタイプのようなスポーツカーであり、広い大陸を横断するのに不足のないエンジンとボディを備えていなければならない。

初代のZは、そんなアメリカからのラブコールに応える形で開発が進められた。

片山豊氏は日本の日産自動車本社にアメリカマーケットの現状を説明し、アメリカ向けのモデルが必要であると主張する。だが、日本の首脳陣の反応は冷ややかだったと言われる。

それでもようやく、本社はアメリカ向けモデルの開発をスタートすることになる。この辺のエピソードはNHKの人気番組「プロジェクトX」でも取り上げていたから、ご存知の方が多いだろう。その開発メンバーは、いわゆるエリート達ではなかった。あちこちからかき集められたメンバーで構成されていたのである。

だが、スポーツカーを作るというその一点に、彼らの気持が集まった。

当時のスポーツカーのイメージは、ロングノーズ&ショートデッキというスタイルだ。つまり、エンジンを収めたフロントはあくまでも長く、人間が乗るスペースは短い。初代のZは、まさにこのイメージを体現していたのである。

当時の日産自動車はこのスタイルを、ロングフード&カットエンドの最新型ファストバックスタイルと呼んだ。

「プロジェクトX」でも取り上げていたが、出来上がった試作車をアメリカ合衆国で走らせていた時、スピード違反でパトカーに止められたのだそうだ。

だが警官は、

「このクルマはおれでも買えるのか」と尋ねただけだった。

こうして新しいスポーツカーは、フェアレディの名を継ぎ、アルファベットの最後の文字であるZを付け加え、フェアレディZと命名された。

オープン2シーターの初代フェアレディは、日産の幹部がニューヨークのオフブロードウェイでミュージカル「マイ・フェア・レディ」を観て感動し、ここから名前がとられたのだそうだ。そう言えばぼくも高校時代、オードリィ・ヘップバーンが主演の同名の映画を十回以上観た記憶がある。高校をサボって、毎日映画館に通ったのだ。

Zというコード番号には、スタッフ達の「これが失敗したら後はもうないんだ」という決意が伺われる。

日産自動車は、69年の10月に、２０００ccの本格的スポーツカー、フェアレディZシリーズを全国一斉発売すると発表した。実は、フェアレディZという名称はこの直前まで決定されていなかった、という説がある。

日本国内でフェアレディの名前を受け継ぐことは決まっていたが、アメリカで男っぽいスポーツカーに貴婦人ってことはないだろう……というコンセンサスはあったらしい。今ではZを巡る片山豊神話が独り歩きしている観もあるが、この時片山氏が、

「Zでいいんじゃないか」と述べたことで名前が決まったのだそうだ。

当時用意された仕様は、三種類だった。スタンダードのZ、オプション装備の一部を組み込み少しラグジュアリーになったZ－L、トップスペックのZ432である。

エンジンは二種類で、スタンダードのZとZ－Lには、当時既にスカイライン2000GTの高性能エンジンとして知られていた6気筒のL20型130馬力が搭載された。Z432には、新開発のS20型が搭載された。

Zの後の432という数字はエンジンの仕様を表現している。4バルブ、3つのキャブレター、2カムシャフトという意味だ。

このS20型は、日産自動車と合併する前のプリンス自動車が開発したレーシングカー、R380用のエンジンを市販車用にディチューンしたDOHC4バルブの160馬力仕様であり、これはスカイラインGT－Rにも搭載された。

この頃から既に、ストイックなピュアスポーツとしてのGT－Rと、ロード・ゴーイング・スポーツカーのZという兄弟関係が維持されていたことになる。

……というふうに紹介の文章を記しているだけで、胸が躍ってくる。熱くなってしまうと言うか、やっぱり男って生き物はスポーツカーを本能的に愛しているのだろう。

Zの本来のターゲットは北米市場だった。したがって、日本発売の直後にアメリカにも輸出されたのだが、アメリカ仕様車にはL型6気筒エンジンの排気量をアップしたL24型エンジンが搭載された。これはもちろん、あの広い大陸を走るのにふさわしい排気量を、という配慮からだ。

２４０Ｚに搭載されたL型6気筒エンジンは、６気筒特有の力強いトルクを持っていた。スポーツカーでありながら、イージードライブが可能だった。だからこそアメリカで成功することが可能だったのだろうと思う。

２４０Ｚはフロントが重く、操縦性は良くなかったと言う人は多い。ハンドリングがワンテンポ遅れ、ロングノーズだから視界もよくない、と。事実、ラリーでは空気抵抗を削減するよりも視界確保を重視し、ショートノーズ車が使用されている。

２４０Ｚは、いわばヨーロッパ流のスポーツカーの概念には収まり切らないスポーツカーだった。だがこれは、最初から北米市場を視野に入れてプラニングされたからああいうコンセプトになったのだろう。

そういう意味では、Ｚは最初からアメリカの恋人として誕生したのである。

アメリカではフェアレディの名前は使用されず、ダットサン２４０Ｚと命名された。ちなみに、今回のニューＺも、向こうではニッサン３５０Ｚと呼ばれる。

そして重要なことだが、ダットサン２４０Ｚの価格はポルシェ９１１の半分以下だったのである。もちろん、この価格は高性能スポーツカーとしては破格だった。サスペンションなどのパーツを、当時の量産乗用車から流用したりしてこの価格を実現したのである。

いわばコカ・コーラの国でコカ・コーラのように階級を無化する平等なスポーツカーがデビューしたのである。

こうして、日本からアメリカ大陸に輸出されるクルマが次々に惨敗を繰り返すなか、フェアレディZはその惨い歴史にピリオドを打つことに成功する。アメリカは、Zに熱狂したのである。彼らはZをZ（ジィー）カーと呼び、愛した。当時、北米ミシュランの社長を務めていたカルロス・ゴーン氏も、Zに熱狂した一人だった。

かくしてZは、時代の流れと共に厳しくなる排ガス規制や燃費規制、そして高騰する保険料などの問題をクリアし続け、世界でもっとも売れるスポーツカーの歴史を綴っていくことになる。最終的に、このクルマは26年間で１４０万台が販売され、アメリカ合衆国で最も売れたスポーツカーになったのである。

小淵沢で水野和敏氏とコーヒーを

Zの試乗会が小淵沢であり、日産の開発スタッフの方々もみえるというので、出かけてきた。エンジニアの水野和敬氏と商品企画室の塚田健一氏、このプロジェクトの商品本部主担だった湯川伸次郎氏、インテリアデザインを担当した小田島貴弘氏、サウンドを担当した三宅達也氏などの話をうかがうことができた。

皆さんの話を繋ぎ合わせてみると、なんとなくZのストーリィの全貌が見えてきた気がした。

小淵沢の説明会では、商品企画室の塚田健一氏が最初に、誇らしげにこうおっしゃった。

「日産リバイバルプランを一足先に実現した今、Zの役割とは何か。それは、ブランドイメージの確立であり、技術力の底上げであり、社内のモチベーションを上げることでした。GT―Rはストイックな存在であり、Zは大らかなスポーツカーだ。それが、それぞれのDNAなのです」

会社で働くすべての人々のモチベーションを支えるためにZが必要だった、というのだ。スポーツカーというものにはやはり魔力がある、ということだろう。

300ZXが生産中止になってから、社内のあちこちで新しいZを開発しようという気運はあったらしい。エンジニアやデザイナーや広報の人々の中に、やっぱりZがないと、という気分は根強くあったようだ。

アメリカでのインタビューと合わせると、日米双方にそういう期待があったと見ることができる。Zのメインの市場であるアメリカ合衆国でも、そして日本でも、多くの人々が製造中止になったままのZをあきらめることなく、その新しいイメージを磨き続けていたのだ。

アメリカでのストーリィは、既に2章に収録したインタビューでダイアン・アレンさんやジョエル・ウィークス氏、ディーン・ケイス氏が語ってくれた通りである。

日本でも1997年に、20Zと呼ばれたプロトタイプが製作されている。Zをあきらめきれないデザイナーやエンジニアが集まって作られたこのスポーツカーは、だがシルビアのシャシーを流用していたのだ。

20Zは注目を集めたが、やはり本物のZを、という声が高まっていくことになる。だがいずれにせよ、Zを望む人々の気持に点火したのは、この20Zだったのだ。

そんな多くの人々の期待の総和として、今のZの誕生がある。

３００ＺＸは、価格の面を除けばよく出来たスポーツカーだった。１９９５年に生産中止が決定されたのは、クルマ自身の問題と言うよりは不運が重なっていた。

そもそもなぜ３００ＺＸが生まれたかというと、１９８５年に始まった円高がひとつの大きな要因だと言われている。わずか2年間で円とドルの為替レートが2倍になったのである。Ｚの価格も跳ね上がり、販売台数は激減した。

だったらＺをその価格帯にふさわしいスーパースポーツにしようということで、３００ＺＸが企画されたのだ。完成したＺの評判はすこぶる高かった。

だがこの直後に、アメリカではスポーツカーの保険料が高騰する。その額は年間１００万円近くにのぼり、さすがにそんな保険料を4年も5年も払う気はしないだろう。なぜそんなに保険料が高いかというと、盗難が多いからである。

ところでエンジニアの水野和敬氏というのは、ジョエル・ウィークス氏が「水野和敬さんが与えてくれたＦＭプラットフォームは素晴らしいものでした」と言っていた、あの水野さんである。

水野和敏氏は、１９９３年まで日産モータースポーツチームの監督をしていた。その後第一車両開発部車両設計課長として本社に戻り（現在は車両開発主管）、レーシング・ドライバーの鈴木利男氏と共に新型プラットフォームの開発に取り組んだ。

この時湯川伸次郎氏は、商品本部主担だった。

説明会でぼくは手を上げていくつか質問したのだが、変な男だと思われたのか、その水野和敬氏が会の後「コーヒーでもご一緒しませんか」と誘って下さった。

小淵沢の明るい陽光が差し込むカフェで、水野氏は言った。

「汎用プラットフォームとは何か。それは、すべてのジャンルのクルマを生産する日産にとって、必要不可欠な方法だったんです。そしてぼくらは、1995年にFMプラットフォームを作ったんです」

前述したようにFMプラットフォームとはフロント・ミドエンジンの略称で、エンジンを前の車軸の後ろ、つまりキャビン側に搭載するレイアウトのプラットフォームである。これが、あたかもミドシップのライトウェイトスポーツのような軽快な操作感をドライバーに与えるのだ。

「これは、高い部品を後付するのではなく、レイアウトそのもので高性能を引き出す試みだったわけです。人間を中心に考えるとき、守るべきものは同じだった。そういう考え方ですね。専用のラインを持つと、消却コストが膨らみすぎる。汎用プラットフォームで削減できるコストは計り知れないわけです。しかしスポーツカーなので、そのテイストをどう出すか。そのためにZはレーシング技術を応用したサブフレームを多用しています。追浜工場には、『レーシングカーを作るつもりでやってくれ』と言いました。ぼくとしては、ボディの下を覗いて見てほしいですよ」

新型プラットフォームは1996年にほぼ完成の域に達し、水野氏達は新型スポーツカーの開発チームに合流した。

ここで、シルビアをベースに直4エンジンを搭載するプロトタイプの製作が行われたわけだ。

赤くペインティングされたこのプロトタイプこそが20Zで、栃木のテストコースで試乗会まで行われた。このプロトタイプは第一車両開発部の有志と、あるレーシングチームが休日返上で製作した。その後、彼らは数台のプロトタイプを製作している。

だがその後の97年、北米日産が創業以来の赤字に転落する。98年には日産本社の経営危機を巡る記事が新聞紙上を賑やかすようになった。

日産がアメリカから撤退するのではないかという噂まで流れ、北米日産ではディーラーの不安を払拭する意味合いもあり、例の赤いプロトタイプをアリゾナのテストコースに持ち込み、ディーラーやZクラブのメンバー、あるいはジャーナリスト達を招いて試乗会を開催した。

とにかく価格を抑えるためには4気筒でも仕方がないと考えていた北米日産側の意向に反し、集まった多くの人々の感想は「Zはやっぱり6気筒でなければ」というものだった。

ダイアン・アレンさんを始めとするNDAの有志達が、それこそスポーツカーなみの加速で走り始めたのはこの直後のことである。

これとは別に、日本では湯川伸次郎氏や水野和敬氏も具体的な作業に入ることとなった。

幸運なことにカルロス・ゴーン氏も、Zの復活に積極的だった。彼は日産というブランドの復活を果たすためのキーは、何と言ってもZとGT－Rだと考えていたからである。

水野和敬氏は開発にあたり、Zはグローバルなスポーツカーにしなければダメだ、と考えていた。

「アメリカのスポーツカーはV8になっています。道が広いからそれでかまわないけれど、ヨーロッパでは通用しない。コーベットは、ヨーロッパでは無駄なのです。だって、縦列駐車ができないでしょう。ヨーロッパ車は部品ひとつひとつに至るまでが素晴らしいが、高くて買うことができない」

では、Zは？

「Zのサイズは4・3×1・8ですが、これは論理的なサイズなのです。だからこそ、グループCカーも、同じようなサイズをしているでしょう。いくら安全基準を満たしていると言われても、軽自動車のサイズで人間は安心することができない。Zの車重は900kgで、ダウンフォースが700kg。合わせて1・6tのクルマが200km／hで走る時、Zのサイズは最適であり、こういう物体を動かすには3・5ℓのエンジンが最適なのです。すべてのドライバーがスポーツを感じることができるためには、必然的に3・5ℓでなければならないのです。4ℓを超えると、町中でアクセルを踏む時におっかなびっくり踏まなければならない。人間が機械の奴隷になってしまう。2ℓだと、2000rpmから3000rpmで走る時に、普通の乗用車と変わらなくなってしまう。そういう意味で、3・5は大事にしたい。FMパッケージは、3・5が前提なんです」

エンジニアが必死で考えていたのは、そういうことだった。

さらにFMパッケージをベースに、Zを磨き上げていった。

Zの加重は、前が53パーセント、後ろが47パーセントである、と水野氏は説明してくれた。前が3パーセント重く、前輪荷重を高めることでグリップを確保しつつ軽快なコーナリングを実現できる。後ろはタイヤのサイズを上げて、ミューを使う。そして大容量のガスタンクは、重量配分とも密接に絡んでいるのである。

それから彼は何度も、人間中心の物作り、ということを述べた。

人間中心の物作りが求められているのだ、と。

20世紀までは、メーカーの都合でクルマを作ってきた。冷蔵庫のなかにある材料で料理を作れ、とユーザーに言っているようなものだった。21世紀は、そうはいかない。エンジニアは、人間を機械の奴隷にしてはいけないのだ、人間の気持を引き出すクルマを作るべきだ。彼はそう説明してくれた。

クルマはファジーな存在である。しかも、構成要素が多い。時計ならば、正確さとデザインとを両立させればいい。しかしクルマは、あまりにも多くの要素がある。しかし、基本的には乗り手と走る場所のふたつに分けられ、これをクリアすればいいのだ。それが基本的な哲学だ。

水野氏は92年にCカーで完全優勝したが、この時のレース経験で得たものは大きかったようだ。ル・マンでもそうだ。

ぼくは、Zの視界がいいことについて聞いてみた。

「その通りです。たとえば、視界条件を考え抜けば、ラップで2秒タイムを縮められるのです。つまり、視界が広すぎても狭すぎてもダメなわけです。人間という因子を突き詰めていくと、環境という要素をクリアできるとぼくは確信しました。しかも、高い部品を注ぎ込むわけではないので、安いコストで速く走ることができるようになる。同じクルマで、バンクが多いコースでも、箱庭のように狭いコースでも勝てる、と。レースというのは、そういうものですよ。Zには、こうしたレーシング・テクノロジーがフィードバックされています。視界条件は、まさにこれ以外にないといったものに仕上がっているはずです。そして、こうして完成したクルマは日本でもアメリカでも、そしてヨーロッパでも勝てるインターナショナルなスポーツカーになっているはずなんです」

コーヒーをもう一杯、そして核心へ

ウェイターの人がやってきて、ぼくらはコーヒーのお替わりを頼んだ。時計を見ると、既に1時間ほどが経過している。いくらなんでも、これ以上水野さんを引き止めるわけにはいかないだろう。だがお別れする前に、どうしても聞きたいことがあった。

今回、ぼくはあちこちでいろいろな人に、同じひとつの質問をしてきたのだ。

かつてはイタリアのスポーツカーとか、ブリティッシュ・スポーツとか、あるいはジャーマン・スポーツというカテゴリーが存在した。だが今では、たとえばアルファロメオを必ずしもイタリア人のデザイナーがデザインしているとは限らない。

Zも、事情は同じである。

ぼく自身はZの復活をどうしても日本の再生に重ねて見てしまうのだが、フェアレディZとはジャパニーズ・スポーツカーと言えるのでしょうか……という質問だ。

たいがいの人は、アメリカ人でも日本人でも、ここで「うーん」と考え込んでしまう。ジョエル・ウィークス氏もそうだった。

だがエンジニア・水野和敬の回答は素早くストレートで、そして感動的だった。

彼は即座にこう言ったのだ。

「人間という因子を基準にする時、スポーツカーは国境を超えます。日本発のクルマかもしれないが、それはもはやインターナショナルな存在なのです。Zは日産にとって、そういう意味では初めてのインターナショナルなスポーツカーになったと思っています」

ワオッ！　なんてカッコいいんだろう。さすがに、エンジニアの方の論理的な発想というものは違う。

インターナショナルであるということは、すべての人の要求に応えなければならないということだ。そのためには、まったく新しいスポーツカーの概念を創造する必要があった。

スポーツの定義は、人それぞれによって違う。たとえばマニュアルだけがスポーツなのではない。ZのATは、セレクトストロークがショートストロークに設定されており、軽く素早いタッチでシフトアップ、シフトダウンが行える。

Zはオートマチックでも、スポーツカーのATなのだ。

人間という因子という考え方について、水野氏はこんなふうに補足してくれた。

「よく、ボディ剛性のことが問題にされますよね。車の雑誌に、ボディ剛性がいいとか悪いとか、評論家の人が書いているでしょう。だったら石の上に坐っていれば安心できるのか、ということになりませんか。石なのか鉄なのか、それともスポンジがいいのか。ボディ剛性というのは、ダンピングなどとも複雑に絡み合った問題で、人間にフィットするのかしないのかを考えるしかない。これが、人間を因子分解することだと思います。大切なのはクルマではなく、それに乗る人間のほうですよ。人間基準の物作りとは、そういうものだと思っています」

あれ、ボディ剛性がいいとか悪いとか、ぼくも何度か書いたなあ……と告白。水野氏は笑って、大切なのはエモーショナルかどうかってことですよ、今度はそう書いて下さい、とおっしゃった。

日産本社でZの復活が正式決定された後、日米欧でデザインコンペが実施された。この結果、アメリカ案が採用されることになった。デトロイトとニューヨークのモーターショーに出品されたプロトタイプが、さらにブラッシュアップされた。

このプロトタイプは先に述べた通り、２００１年1月のデトロイトショーに出品されることになる。しかし、これがそのまま生産モデルになったわけではない。この後日本でエクステリア細部の修正が行われ、インテリアは全面的に日本でデザインされたのだ。

かくして新型フェアレディZは２００1年10月、東京モーターショーにプロダクションモデルが出品されたのである。日本発のスポーツカーだから、東京モーターショーではプロトタイプではなくプロダクションモデルを発表したい、ということだったようだ。

小淵沢で過ごした一日は、とても気分のいい一日だった。

今までにいろいろなクルマに乗ってきたが、これほどクルマというものが自分に身近に感じられたことはなかった。

復活したZは、幸福の匂いを身に纏っている。

ＢＯＳＥとフェアレディZとベーシストだったスティング

アメリカ西海岸でも東京でも、ぼくはZを運転しながら音楽を聴き続けた。好きなクルマを転がしながら最愛の音楽を聴く。それは人生最大の喜びのひとつだ。たとえば湾岸道路を走っていて、太陽がオレンジ色に輝きながら海の向こうに沈んでいこうとする。そんな時、ふとアクセルペダルに乗せた右足の力を抜く。ハイハットが黄金色に光って砕け散り、パープルのベースラインがうなる。そう、すべての音には色彩がついている。ギターのリフが入って、ひと呼吸おいてミック・ジャガーが歌いはじめる。

これだけあれば、もう他には何もいらないな、とぼくは本気で思うのだ。

フェアレディZのスペックにはさまざまなファクターがあるが、ひとつ見落とせないのは、バージョンTとSTにはBOSEのサウンドシステムが装備されていることだ。

アメリカ西海岸にも、ぼくは日頃仕事部屋で聴いているCDをごっそり持って行った。音を文章で表現するのはなかなか難しいが、Zに装備されたBOSEのシステムは部屋で聴くよりずっといい音質である。とりわけ、ドライバーズシートの後部に装備されたウーハー、つまり低温を再生するスピーカーは強力で、スティングのソロアルバムなんか聴く時には最高だ。

スティングはポリスというバンドのベーシストだった人で、ぼくは彼らの初来日コンサートを中野サンプラザで見て感動した。

ポリスのメンバー三人にロサンゼルスのスタジオでインタビューしたことがあり、スティングはいちばん無愛想だったが、いちばんカッコ良かった。ポリスのアルバムは全部聴いた。だがバンドが解散してからは、スティングのソロは最初の一枚しか買わなかった。なんだか、ピンとこなかったのだ。

それが最近、ふとしたことでスティングを聴いたら、スッとその音楽が胸に入ってくる。〈Desert Rose〉という曲だった。いわゆる音楽的な感動というものを、ぼくは味わった。

それから、彼が十年ぐらいの間にリリースしたアルバムを片っ端から集め、それをすべて Macintosh と iPod に入れて毎日聴くようになった。

そして、Zのステアリングを握りながらも聴く。

「おお、こういうベースラインだったのか。派手だな。さすがに元ベーシストだよなあ」といった感じである。

これは、Zには高くていいスピーカーが付いている……というようなレベルの話ではないのだ。フェアレディZ／BOSEサウンドシステムは、新型フェアレディZの車室内に最適な音響空間を創るために、日産とBOSEが車両の設計段階から共同で開発している。

こいつは、フェアレディZ専用設計のオーディオシステムなのだ。ドライバーズシートでもナビゲーターズシートでも、あたかもコンサートホールのようにクリアかつ自然な音を実現してくれる。

BOSE独自の音響測定手法に基づいた何百ポイントにも及ぶデータと音響心理学によって、各車室内音場を正確に把握し、最適なスピーカー位置、アクティブ・イコライゼーション回路、周波数特性が設計されている。だから、スピーカーを後付けしてもこの音空間は作り出せないのである。

専用設計されたアクティブ・イコライゼーション回路は、スピーカーからの音響エネルギーをあらゆる周波数帯域で最適に設定し、音像定位をはじめ、リアルで自然な臨場感あふれる音場を再生している。

コンプレッサー回路は、大音量で聴いても歪み感のない伸びのあるダイナミックレンジを可能にしている。Zはスポーツカーでエンジン音やエグゾーストノートが大きいので、それだけ強力なスピーカーシステムが必要なのである。

アクティブ・イコライゼーション回路、コンプレッサー回路は、BOSE5チャンネル・デジタルアンプに内蔵されている。

シート後方に設置された、大きな丸い薄型の重低音再生用ウーハーは、信じがたいほどパワフルな重低音を再生する。

スティングのベースラインというのは、基本のラインをキープするだけではなくド派手なフレーズを弾きまくっているのだが、こういうラインをBOSEのウーハーは忠実に再現する。

ぼくは「アリー・マイ・ラヴ」というアメリカのテレビドラマが好きで、レンタルビデオ屋でビデオを借りて順番に見ていたのだが、ある回にスティングがゲスト出演した。ロックスターのスティング、という役だ。

何の前触れもなくスティングが登場した時には、ぼくは思わずのけぞった。「アリー・マイ・ラヴ」にレギュラーで出演していたロバート・ダウニー・ジュニアとスティングは友達で、そんなことから出演したのだろう。ぼくはアリーの恋人役のロバート・ダウニー・ジュニアも好きだったのだが、ドラッグで逮捕されたとかで、その後降板になってしまったのは残念だ。

どうでもいいが、もちろんアリー役のカリスタ・フロックハートというか、あの番組のなかのアリーも好きである。

番組のなかでスティングとロバート・ダウニー・ジュニアが〈Every Breath You Take〉を、アリーに捧げてデュエットするのだが……スティングは歌が上手だったんだということが、改めてよくわかった。

ところでスティングの額は、驚くべきことに半分以上禿げ上がってしまっていた。映画「さらば青春の光」でスクーターを乗り回すモッズのリーダーを演じてから、気が遠くなるような時間が流れたということだろう。

他にも、ミック・ジャガーの「ビーイング・ミック」というDVDにもちらっと姿を見せていて、ジジイになったスティングもなかなかに様になっている。ああいう具合に年をとりたいものだよなあ、とぼくは思うのだ。

ソロになったスティングの音楽は、ポリス時代のような派手さはないが深い。ロックばかりではなく、ジャズやカントリーやワールドミュージックや、ブルースやゴスペルやフラメンコや、さまざまなジャンルに越境し音楽的な冒険を維持している。聴いていると、癒されていく気がする。

もしも今のような音楽を獲得するために老いる必要があったのだとすれば、それも悪くないなと思わせてくれる。そして、そういう年齢の男が一人でフェアレディZを運転している絵というのは、決まっているなと思う。

スポーツカーってものは、若い女か老いた男によく似合う、と誰かが言っていた。

そうかもしれない。

お台場クルージング

早朝のお台場へ行ってきた。首都高速は空いていて、お台場は人影はまばらで、海を眺めながらポットに入れたコーヒーを飲み煙草を吸った。

羽田空港が近いので、空のずいぶん低いところを旅客機が飛んで行くのが見えた。

それからホテル・メリディアンのカフェでアメリカン・ブレクファストを食べて、今し方戻って来たところだ。

トーストとオレンジジジュース、卵料理とベーコンの朝食をとっていると、アメリカ西海岸の旅を思い出した。サンタ・マルガリータのスーパーウェイトレスは、今日も特大のハンバーガーを運んでいるだろう。ハーレー・ダヴィッドソンにまたがった夫婦は、まだ旅を続けているのだろうか。新しいZを見にやってきた人々のうちの何人かは、もうオーダーを入れただろうか。

今日は、広報車を返却する日である。淋しい。

アメリカ西海岸で10日間、東京で1週間、合わせて17日間Zと暮らしたことになる。距離でいうと、両方を合わせて3000㎞は走っただろうか。

これだけつき合うと、愛着も沸いてくるし、別れがたい。

じつはこの本の原稿に取り掛かる前は、「熱いぜ、ニューZ！」というコンセプトの本にしようと思っていた。確かにアメリカでも日本でも、Zの復活にかけた人々の物語は熱かった。

だがクルマ自身には、非常にクールな印象を受ける。

フェアレディ350Z、アメリカでの名称ならNISSAN 350Zは、21世紀的に冷静な奴だ。たとえて言うなら、2002年のサッカーのワールドカップにおける日本代表みたいな冷静さを感じる。まあ、日本で借りたクルマもブルーで日本代表のユニフォームもブルーだからそう感じるだけかもしれないが。

ワールドカップにおけるサッカーの日本代表は、時には監督の指示さえ無視して各人がやるべきことをやり、結果を出した。全力で戦ったはずなのにそこには汗臭さや浪花節的なエモーションは存在せず、爽やかにクールだった。

Zもそうだ。ぼくは、レドンドビーチで最初に出会った時のZの印象を思い出す。

冷静な熱狂。新しいZを一言で表現するなら、やはり〈冷静な熱狂〉ということになるのではないか。Zの4000回転以上の領域は強烈だが、そんな時でも彼はクールなままだ。

そういうスポーツカーは、海と都市が融合したお台場の朝の風景によく似合っていた。

日産は350Zを開発するにあたり、ベンチマークにポルシェ・ボクスターを設定したのだそうだ。ベンチマークというのは、仮想ライバルというような意味だろうか。

ボクスターはミドシップレイアウトであり、さらにオープン専用設計ボディの2シータースポーツだ。350ZはFRレイアウトのファストバッククーペである。普通に考えると、両者のキャラクターは本質的に異なっている。そもそも、価格がぜんぜん違う。ボクスターは、2・7リッターモデルが550万円からであり、3・2リッターのSは、690万円からなのだ。だが、ふたつのスポーツカーに共通したものがある。それは、何と言えばいいのか……そう、エモーションとしか言いようがない。

アウディTTとはデザイン的な共通性があるが、両者のテイストはかなり違う。TTもZよりはるかに高価であり、だがVWゴルフがベースになったこのクルマは性能面ではZとは比べようもない。まあ、TTのようなクルマをスポーツカーとして捉えるのは間違いで、あれはスペシャリティカーと呼ぶべきなのかもしれない。

いずれにしても、日産がボクスターをベンチマークに設定したのは、慧眼であったと考えるべきだろう。実際、レイアウトや価格などのことを度外視すれば、確かにZはボクスターに似たドライヴフィールを持っている。先行するボクスターの走りの質感はかねてから定評があり、Zはこれを参考にしたのだろうが、Zにも確かにボクスター風の味わいがあると思う。

日産はZのそんな走りのテイストを、「フラットライド・スポーツ」だと言っている。

フラットライドとは、視線を動かさないですむフラットなボディコントロールのことをさす。バウンス方向（前後同時の上下）の動きは許すが、ピッチ方向（前後交互の上下）の動きは徹底して封じ込めようとするものだ。これによって、ドライバーはより繊細なドライヴィングに集中できるわけだ。Zの走りの秘密は、このフラットライドと視界の設定にあるような気がする。

実はZには、近々コンバーチブルモデルが追加投入されるらしい。となると、ボクスターはさらに参考になる点が多いのだろう。

Ｚは、ドライバーやシチュエーションによって様々な楽しみ方ができる。時には本気でワインディングロードを走りに行ったり、西海岸のフリーウェイを１４０㎞／ｈで長時間クルージングしても苦にはならない。

あるいは東京近郊に住む女性が、毎日の通勤に使っても不自由は感じないだろう。極端な言い方かもしれないが、Ｚを２シーターのスカイラインだと思って乗り回すことも不可能ではない。これは、低速トルクが十分以上に太いから可能なのである。ＴＴなんかだと、こういう乗り方は絶対に不可能である。ま、そこがＴＴの魅力だと言われてしまえばそれまでだが。

Ｚの低速域でのトルクが太いのは、当然、３・５リッターＶ６ユニットが貢献しているのだ。マニュアル車を通勤に使うことも、ＡＴでスポーツ走行することも可能なスポーツカー。それが、フェアレディＺというクルマである。

カーナビをオンにしてお台場から渋谷方面に走り、レインボーブリッジを渡った。Ｚと自分が、今まさに海の上にいるのだということがモニタに表示される。ぼくは自分のクルマにカーナビを付けたことが一度もないので、こういうのは不思議な感覚だ。

あたかも自分が、「ドラゴンクエスト」の主人公になった気分である。ゲームの世界に入り込んだ自分が、東京という街を冒険するのである。この街は、モンスターには事欠かないだろう。するとフェアレディＺは、主人公の友達のドラゴンか？

ぼくは四十九歳だが、誕生日にある女の子が、ドラクエのキャラがレベルアップする時に流れる音楽を着メロにし、そいつを添付ファイルにして送ってくれた。

本文には、こうあった。

〈けんいちはレベルアップした。すばやさが1あがった。半世紀まであと1年。なんちゃって〉

レベルアップ？

そうだといいのだが、半世紀を間近に控えなんだかHP（ヒット・ポイント）が減っていく一方のような気もする。リレミトの魔法で、出発地点に戻りたい気分だ。

そういう時なのだ。男って生き物が心の底からスポーツカーを欲するのは。

一発逆転だ、まだまだ走れるんだ、今日もロードにいたいんだ。

フェアレディ350Z。

なんてカッコいいスポーツカーなのだろう。しかも、今のぼくらの気分にぴったりである。

この本はぼくと小川義文で印税を折半だから……五万部売れればZが買えるのか。

よし、買うぞ。バージョンTのマニュアルで、カラーはアメリカで借りたスパークリングシルバーかな。

なんだかおかしな結末になってしまったが、ここまで読んでいただき、感謝します。

では、これからブルーの広報車を返却しに行くことにしよう。

From the Faraway Nearby

AUTO PARK
NISSAN
OCT
California
DST 562 38J

PED XING

NISSAN
350Z
562

35

Gasoline Alley
ANTIQUES

2200
ANTIQUES
NISSAN

Supply
350Z
NISSAN
562

VOYAGER
CARDS
VOYAGER
WELCOME
HERE
Memory
Walk
2002
Stop Engine

Self
VISA
DIESEL #2

RAIL
CROSSIN
ROAD
2
TRACKS
350Z

V6
3.5

SILLY BOYS
HARLEYS ARE FOR GIRLS!
Sierra

RODEO
FOOD

CALIFORNIA
2SWW036

BOSE

AWAY
STOPPING
ANY
NISSAN

FAIRLADY Z

SPECIFICATIONS

クーペ　2WD

●寸法、定員、重量

全長4,310 mm　全幅1,815 mm 全高　1,315 mm

乗車定員2名

車両重量	フェアレディZ	1,430 kg
	フェアレディZ Version T	1,440 kg
	フェアレディZ Version S	1,440 kg
	フェアレディZ Version ST	1,450 kg

●エンジン主要諸元

水冷V型6気筒DOHC 3,948 cc

最高出力kW（PS）/rpm 206（280）/6200

最大トルクN・m（kgm）/rpm 363（37.0）/4800

燃料供給装置　ニッサンEGI（ECCS）

使用燃料・タンク容量L　無鉛プレミアムガソリン・80

●トランスミッション

フェアレディZ

6速マニュアル・マニュアルモード付フルレンジ電子制御5速オートマチック〔5M-ATx〕

フェアレディZ Version T

6速マニュアル・マニュアルモード付フルレンジ電子制御5速オートマチック〔5M-ATx〕

フェアレディZ Version S　6速マニュアル

フェアレディZ Version ST　6速マニュアル

●タイヤ（前・後）

フェアレディZ、フェアレディZ Version T　225/50R17 94V　235/50R17 96V

フェアレディZ Version S、フェアレディZ Version ST　225/45R18 91W　245/45R18 96W

●諸設備

4輪マルチリンク式サスペンション　4輪ベンチレーテッドディスク式ブレーキ

スペアタイヤ（応急用タイヤ）　フロントストラットタワーバー

●車両本体価格

フェアレディZ	(6MT) ¥3,000,000	(5M-ATx) ¥3,100,000
フェアレディZ Version T	(6MT) ¥3,300,000	(5M-ATx) ¥3,400,000
フェアレディZ Version S	(6MT) ¥3,300,000	
フェアレディZ Version ST	(6MT) ¥3,600,000	

※BOSEサウンドシステムはVersion TとVersion STに標準装備されます。

◎小川義文
ogawa@moon.email.ne.jp
自動車写真の第一人者として活躍。日本雑誌広告賞など多数受賞。
写真集に『TOKYO DAYS』(みずうみ書房)『松任谷由実 SOUTH OF BORDER』(CBSソニー出版)『Auto Vision』(セイコーエプソン)他、山川健一との共著『ブリティッシュ・ロックへの旅』(東京書籍)、『ジャガーに逢った日』『レンジローバーの大地』(ともに二玄社)がある。

撮影・佐藤俊幸

◎山川健一
rock@yamaken.com
作家。1953年生まれ。1977年、「鏡の中のガラスの船」で『群像』新人賞優秀作受賞。著書は100冊を超える。代表作に『水晶の夜』(メディアパル)、『ニュースキャスター』(幻冬舎)など。近刊は『死ぬな、生きろ』(小学館)。自動車を巡る本に『僕らに魔法をかけにやってきた自動車』(講談社)、『快楽のアルファロメオ』(中央公論文庫)などがある。小川義文との共著に『ブリティッシュ・ロックへの旅』(東京書籍)、『ジャガーに逢った日』『レンジローバーの大地』(ともに二玄社)。

＜謝辞＞

本書執筆にあたり、多くの人々の力添えを頂いた。とりわけ、インタビューに応じて下さったNDA（ニッサン・デザイン・アメリカ）のダイアン・アレン氏、北米日産のプランナーであるジョエル・ウィークス氏と広報担当のディーン・ケイス氏には貴重な時間を割いて頂いた。日本では第一車両開発部チーフ・ビークル・エンジニアの水野和敬氏、商品企画本部商品企画室主担の塚田健一氏、デザイン本部第一プロダクトデザイン部の小田島貴弘氏、第一車両開発部音振性能音振グループの三宅達也氏、広報部主管の濱口貞行氏、商品広報の尾花美紀氏、日産プリンス福井販売株式会社取締役社長の勝田一郎氏のお世話になりました。また、『Zをつくった男・片山豊とダットサンZの物語』（黒井尚志・双葉社）、『片山豊・黎明』（新井敏記・角川書店）、『日産自動車史』（日産自動車）を参考にさせて頂きました。記して、感謝いたします。

復活《ふっかつ》のZ

2002年11月5日初版第一刷発行

著　者　山川健一（やまかわけんいち）=文
小川義文（おがわよしふみ）=写真

発行者　渡邊隆男

発行所　株式会社二玄社
東京都千代田区神田神保町2-2　〒101-8419
営業部　東京都文京区本駒込6-2-1　〒113-0021
http://www.webcg.net/
電　話　03-5359-0511

印刷・製本　図書印刷

ISBN4-544-04081-7